童品璋 ◎ 主编

香榧栽培

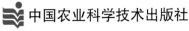中国农业科学技术出版社

图书在版编目（CIP）数据

香榧栽培 / 童品璋主编 . -- 北京：中国农业科学技术出版社，2024.6

ISBN 978-7-5116-6851-6

Ⅰ. ①…香　Ⅱ. ①童…　Ⅲ. 香榧－果树园艺　Ⅳ. ① S664.5

中国国家版本馆 CIP 数据核字（2024）第 109892 号

责任编辑　闫庆健
责任校对　王　彦
责任印制　姜义伟　王思文

出 版 者　中国农业科学技术出版社
　　　　　北京市中关村南大街 12 号　　邮编：100081
电　　话　（010）82106632（编辑室）　（010）82106624（发行部）
　　　　　（010）82109709（读者服务部）
传　　真　（010）82106632
网　　址　https：// castp.caas.cn
经 销 者　各地新华书店
印 刷 者　北京地大彩印有限公司
开　　本　140 mm × 203 mm　1/32
印　　张　5.875
字　　数　153 千字
版　　次　2024 年 6 月第 1 版　2024 年 6 月第 1 次印刷
定　　价　56.00 元

作者简介

童品璋，男，教授级高级工程师，1956年生，浙江诸暨人。1979年从浙江林学院林学专业毕业后，在诸暨县林业科学研究所从事香榧科研工作。1985年后在诸暨县（市）林业技术推广总站从事香榧、板栗、竹笋等经济林的研究和技术推广。2003年起担任浙江省香榧产业协会秘书长至今。主持完成科研项目30余项，获梁希林业科学技术奖二等奖1项，浙江省科技进步奖三等奖2项，地厅级一等奖2项、二等奖3项。参编专著5部，发表论文20余篇。曾先后荣获绍兴市劳动模范、绍兴市第4~7批专业技术拔尖人才学术带头人、浙江省先进林业科技工作者、浙江省优秀科技特派员、中国农村致富技术函授大学优秀教师、浙江省农业科技先进工作者、中国共产党浙江省第十三次代表大会代表、中国林业产业突出贡献奖、浙江省省级"银尚达人"等荣誉。

《香榧栽培》编委会

序

　　这是一本科普书籍，是传播先进实用的香榧栽培技术的最新读物。作为朋友、作为同龄人、作为曾在科普阵地耕耘多年的一员，本人为已退休多年的该书作者教授级高级工程师童品璋一如既往地立足专业、面向基层、心系榧农、坚持科普的初心而感动。

　　科学技术是第一生产力，是经济发展的原动力，但科技只有通过人们的掌握和应用，才能转化为现实生产力，这就是科普的重要性。因此，科技创新和科学普及，是科技进步的一体两翼，相互依存、相互促进。没有科学普及，科技创新将是"空中楼阁"。而童品璋教授级高级工程师却在专业科普方面做足了文章。

　　近年来，在相关部门的大力扶持下，浙江省香榧的种植面积越来越大，并通过诸如童品璋及其同事等科技工作者的不断努力，先进实用的香榧新科技也不断涌现，为种植香榧的农户（榧农）的增产增收保驾护航。但在现实生产中，人们也发现了不少榧农的生产技术仍然停留在传统的作业之中。这或许就与科普的触角不够广泛深入有关。而这本科普读物的出版，正好为他们送上了栽培"宝典"，带着问题去学习，认真学习后应用，必将取得立竿见影的效果。

这本书的特点是技术先进，且通俗易懂，更便于应用。它既是作者 40 余年来在香榧科研和生产实践中的经验总结，又吸收了其他香榧科技工作者和榧农等香榧人最新的科研成果，具有较高的科学性和可读性，十分适合于香榧技术的培训需要和推广应用，是从事香榧生产特别是专业合作组织、龙头企业、科技示范户、一般榧农以及责任林业技术人员的科普读本、致富读本。相信它的出版发行，对于提高农民科技素质、发展现代香榧产业，具有重要的现实意义。

读着这本科普读物，笔者另有感触，即新时代呼唤更多的科技工作者像童品璋教授级高级工程师那样关注和重视科普工作。

科普工作的要义，是普及科学知识、传播科学思想，提高公众的科学文化水平。然而，有不少人对科普的意义和作用缺乏了解、认识不足。他们往往只看到科学研究和技术成果的价值，而看不到传播普及工作对推广应用这些成果的媒介和桥梁作用。更甚至有人把科普和科学传播当成"小儿科"，缺乏对科普在推动科技进步和提高全民科学素质等方面特殊意义的认识。正是这一误区的存在，使国人的科学素养远远低于重视科普和科学传播的发达国家。因为一个国家的科技实力，不仅显现在诸如"载人飞船"这类标志性尖端技术上，也体现在公众素质中最核心的部分——科学素养上。

其实，要把深奥的科学原理、定律和技术，用浅显的文字、图像以及生动的笔触介绍给广大读者，并非易事。而在科学技术迅速发展、知识全面综合与分化的今天，全社会更多地从不同层次、不同角度向科学界要知识、要信息、要技术、要指导、要科学思想和科学方法，科普登上"大雅之堂"尤显十分必要。

相信在 2023 年 7 月 1 日正式施行《浙江省科学技术普及条例》后的今天，在 2023 年 11 月 10 日召开的浙江省创新深化大会上，科普作品成果首次获得了年度省科学技术奖的今天，我们的广大科技工作者一定会进一步将科普工作作为己任，而致力于提升公众科学素养，服务于加快产业发展，落脚于社会共同富裕。

诸暨市科协原秘书长　王晓聪

2023 年 12 月

目　录

第一章　香榧概述 ································· 1

第一节　香榧起源··························· 1

第二节　香榧的分布························· 3

第三节　香榧的五大科技创新············· 5

第四节　枫桥香榧··························· 8

第二章　香榧的用途 ································· 10

第一节　珍稀干果··························· 10

第二节　药用保健··························· 12

第三节　高档食用油························· 13

第四节　树、材的利用····················· 14

第三章　香榧的生物学特性 ····················· 17

第一节　香榧的适生条件··················· 17

第二节　香榧的根系························· 18

第三节　香榧的芽和叶····················· 20

第四节　香榧的树干和枝条················· 25

第五节　香榧的花和果····················· 27

第四章　香榧造林技术 ························40

第一节　香榧良种 ····························40

第二节　苗木培育 ····························45

第三节　立地选择 ····························54

第四节　香榧种植 ····························56

第五章　山地香榧林地的宜机化栽培 ·········59

第一节　新造香榧林的宜机化建造 ············59

第二节　老香榧基地的宜机化改造 ············64

第六章　香榧抚育管理 ·····················66

第一节　幼林管抚 ····························66

第二节　成林管抚 ····························68

第三节　整形修剪 ····························78

第四节　生长过旺榧树的管理措施 ············83

第五节　生态栽培措施 ························85

第七章　榧树改良 ·························88

第一节　劣质榧树的改良 ······················88

第二节　低产香榧树改良 ······················91

第八章　香榧病虫害防治 ···················93

第一节　防治原则和注意事项 ··················93

第二节　主要病害防治 ························97

　　第三节　主要虫害防治 ………………………………… 103

第九章　香榧采收后熟 ……………………………………… 112

　　第一节　完熟采收 ………………………………………… 112

　　第二节　及时脱皮 ………………………………………… 119

　　第三节　后熟处理 ………………………………………… 124

　　第四节　清洗和晒籽 ……………………………………… 133

第十章　香榧加工 …………………………………………… 135

　　第一节　椒盐香榧 ………………………………………… 135

　　第二节　开口香榧 ………………………………………… 145

　　第三节　香榧仁 …………………………………………… 147

　　第四节　香榧深加工 ……………………………………… 148

　　第五节　香榧假种皮的开发利用 ………………………… 152

附录 1　香榧栽培年事历 …………………………………… 157

附录 2　生物肥料 …………………………………………… 159

参考文献 ……………………………………………………… 166

后　记 ………………………………………………………… 169

第一章

香榧概述

第一节 香榧起源

香榧（*Torreya grandis* cv. *merrillii*），红豆杉科榧树属植物，为我国独有的著名干果和经济树种。香榧是在众多的榧树（*Torreya grandis* Fort. et Lindl.）中经过多年选育而来的一个无性繁殖品种，其主要性状和经济价值有别于榧树中其他实生榧树变异类型。而榧树系第三纪孑遗植物，是与恐龙同时代的植物，也是植物界的活化石。历史上对"榧"最早的记载是公元前2世纪初的《尔雅》，书中称榧为彼，其木材可作器具。而公元3世纪初的《神农本草经》则说到了榧实的药用保健作用：彼子（即为榧子）味甘温，主腹中邪气，去三虫，蛇螫蛊毒，鬼疰伏尸。至南北朝时期的《名医别录》中则注明了榧树的主产地："榧实生永昌（古夏时，诸暨枫桥名'大部'。东吴时，大部分设永昌、永安、永宁、永泰四乡，枫桥属永昌乡），彼子生永昌山谷"。而榧子的食用最早见于公元8世纪唐代的《本草拾遗》："与榧同，榧树似杉，子如长槟榔，食之肥美。"北宋《太平广记》记载："唐敬宗宝历二年（公元826年）浙江送朝廷舞女2人，一曰飞燕，一曰轻风……所食多荔枝、榧实……"，说明当时榧实已作为宫廷美容食品。

　　"香榧"的品种名叫"细榧"，为浙江省诸暨市林业科学研究所选育并经审定的国家级林木良种。细榧在当初的叫法是相对于实生的芝麻圆榧类而言的，实生榧外种皮粗糙梗突，种仁质地粗硬，俗称"粗榧""木榧"。而细榧外种皮细体秀气，壳薄仁满，炒后种仁酥松细腻，质脆味香而脍炙人口，故称"细榧"。

　　香榧诞生于会稽山，现存最大的香榧树其树龄已在 1 500 年以上。最早关于"稽山之榧"的记载典籍是唐代宰相李德裕的《平泉山居草木记》，其中记载："木有奇者，有天台之金松、琪树，稽山之海棠、榧、桧。"而"香榧"这个名字首次出现是在浙江诸暨，距今已有 250 年的历史了。据清乾隆三十八年（公元 1773 年）《诸暨县志·物产卷》载："榧有粗细二种，以细者为佳，名曰香榧"，诸暨人正式将细榧定名为"香榧"（图 1-1-1、图 1-1-2）。

图 1-1-1　香榧名词的由来

图 1-1-2　植物学家说香榧

　　根据现存最古老的香榧古树和香榧古树群的数量及分布情况，榧树优良品种"香榧"应出现在南北朝时期的会稽山区，诸暨的赵家镇、嵊州的谷来镇、柯桥的稽东镇及东阳的虎鹿镇（西垣等）、磐安的安文镇（东川村）等地是中心产地，至今已有 1 500 年左右的人工栽培历史。

　　香榧是世界上唯一的经过嫁接繁育而经济寿命长达千年的树种，千年古树还生机勃勃、硕果累累。如位于诸暨赵家镇马观音的中国香榧王，树龄已有 1 380 多年，树高约 18 m，胸围约

9.2 m，树冠直径约 26 m，占地 1.2 亩（15 亩 =1 hm^2，全书同），年产青果 800 kg，2007 年入选浙江农业吉尼斯纪录，2018 年 4 月入选"中国最美香榧"（图 1-1-3）。而在会稽山脉香榧古树多达 7 万多棵，其中千年以上古树有 2 700 多棵，因此，"绍兴会稽山古香榧群"在 2013 年被世界粮食及农业组织认定为全球重要农业文化遗产（图 1-1-4）。

图 1-1-3　诸暨的中国香榧王

图 1-1-4　全球重要农业文化遗产

第二节　香榧的分布

一、历史上的分布

香榧和榧树的地理分布，是以北纬 30 度为中心分布的。如香榧主产区的会稽山脉（跨绍兴、金华两市）（图 1-2-1），盛产木榧（实生榧树结的籽）的安徽黄山、大别山、宣城及福建武夷山、江西黎川等地都在北纬 30 度的位置上。其垂直分布，在主产区会稽山脉香榧的自然分布一般为海拔

图 1-2-1　枫桥香榧主产区香榧
第一村钟家岭村

200～650 m，新发展区立地条件好的可在海拔 800 m 左右。笔者 2005 年发现在海拔 1 600 m 左右的黄山莲花峰等山峰有直径约 20 cm、高 6～7 m 的榧树，枝叶较一般榧树短小，生长较慢，没有看到花和果实，这应该是垂直分布最高的榧树了。

　　浙江省以人工栽培的香榧（细榧）为主，安徽、江西、福建、湖南、湖北、四川等亚热带湿润气候的山区都是以实生的榧树为主，出产的多以圆榧类为主，且多处于野生或半野生状态。

二、香榧的扩展

　　香榧为我国特产，浙江会稽山区的诸暨、柯桥、嵊州、东阳及磐安，为香榧的原产地和主产区。1957—1958 年，杭州市的建德市三都镇大唐村大库自然村（原凤凰乡大库村）和富阳区洞桥镇的大坞村，将一部分实生榧树通过高枝嫁接，改换成诸暨的香榧良种；诸暨市东白湖镇娄曹村从 1980 年起连续几年种植香榧，首次成片发展香榧基地 300 亩（图 1-2-2）；1985 年宁波市宁海县的双峰山区（现属黄坛镇）从诸暨引种香榧成功（图 1-2-3）；2000 年以后香榧推广到浙江省的大部分地区，安徽、江西、福建、湖南、湖北、四川等省也先后引种推广，开始大面积种植，已成为中西部地区精准扶贫的重要树种。

图 1-2-2　诸暨娄曹村香榧基地
（斯海平摄）

图 1-2-3　宁海双峰香榧
（2010 年）

三、香榧栽培面积

目前全国香榧栽培面积约 100 万亩，其中浙江省 85 万亩，安徽省 10 万亩，江西、福建、贵州等省约 5 万亩。投产面积约 30 万亩，2020 年香榧产量已超万吨，并每年以 10% ～ 20% 的比例增长。

第三节　香榧的五大科技创新

香榧的栽培史上有五大科技创新，对香榧产业的发展产生了划时代的影响，大大加快了香榧产业发展的进程。

一、香榧的人工育苗造林

香榧的栽培，历史上采用的是挖掘野生的实生榧树种活后嫁接细榧的原始栽植方法，造成种植数量少，成活率低，生长慢，严重制约了香榧生产的发展。1959 年，诸暨县苗圃通过采集香榧种子，经湿沙贮藏，变温处理进行催芽，圃地播种育苗成功。1961 年，进行 2 年生圃地小苗挖骨皮接、劈接等嫁接育苗试验，嫁接成活率达 90% 以上，并开始用人工培育的香榧嫁接苗木造林，诸暨的中国香榧博物馆边上的香榧大树就是用这一批苗木造的林（图 1-3-1）。开了香榧栽培史上首次采用人工培育的香榧苗木造林的先河。

图 1-3-1　第一次人工育苗种植的香榧

二、香榧的人工辅助授粉

图 1-3-2　人工辅助授粉
（马正三供图）

1962 年，诸暨县林业特产局科技人员汤仲埙在当时的东溪公社（现赵家镇）钟家岭村进行香榧人工辅助授粉的试验研究，并取得了成功。采用人工辅助授粉（图 1-3-2），解决了香榧因缺少雄花粉而授粉不良、间歇结实的问题，此方法目前仍在各香榧产区广泛应用，具有划时代的意义。

三、香榧的促花保果增产技术

图 1-3-3　采用保果措施后的香榧

20 世纪八九十年代，在诸暨市的赵家镇、嵊州市的谷来镇、绍兴市柯桥区的稽东镇及东阳、磐安等香榧主产区的香榧树，都长期存在着因过度落花落果而香榧产量低的问题。如诸暨市 1990—1996 年平均年产量仅 50 t，其中，1996 年的产量只有 12.1 t。为此，1996 年起诸暨市林业技术推广总站和诸暨市林业科学研究所的林业技术人员根据香榧树的生理生化特点，选用植物保果剂"爱多收"和"万果宝"，在香榧主产区赵家镇的香榧树上进行香榧保花保果增产技术的研究并取得成效后，在赵家镇、东白湖镇的香榧基地进行推广应用，取得了非常好的保果增产效果，使大批长期不结果的香榧树硕果累累（图1-3-3），以后的几年香榧年产量均在500 t以上。1999年这项技术列入浙江省林业重点推广项目，并在全省香榧产区推广，取得极显著的成效。其中，诸暨市该年产量达687 t，年增产值5 000万元以上，经济效益非常显著。这也强力推动了2000年后的浙江全省香榧大发展。

四、香榧的标准化生产

1996年，由诸暨市林业科学研究所制定的中国第一个香榧标准（诸暨市地方标准）《香榧良种与丰产栽培》系列标准中的"香榧优良品种—细榧"（DB330681/1.1—1996）、"香榧种子""香榧种子贮存催芽方法"等标准发布实施。此后，诸暨市林业局、浙江省香榧产业协会、浙江林学院（现浙江农林大学）、中国林业科学研究院亚热带林业研究所等单位又陆续制定发布了香榧省级地方标准和香榧国家行业标准，从此使香榧栽培走上了标准化生产之路。

五、香榧的工厂化育苗

2002年，诸暨市林业科学研究所采用喷雾、滴灌等新技术，进行单体大棚营养袋（盆）的工厂化、标准化容器育苗的尝试并取得成功（图1-3-4）。香榧的标准化容器育苗，降低了育苗成本，提高了造林成活率，保证了香榧栽培

图1-3-4 工厂化育苗

的质量。此后，诸暨市香榧良种苗木的年产量从原来的 3 万～ 5 万株一下子增加到 50 万株，使诸暨市香榧基地的发展走上了快车道，也带动了周边地区的香榧产业发展。

第四节　枫桥香榧

说起香榧，就要说到“枫桥香榧”。古夏时，诸暨的枫桥名“大部”，商周时成为於越的都邑。东吴时，属永昌。枫桥有一江曰枫溪，江上有一渡曰枫溪渡。开皇九年（公元 589 年）隋文帝派越国公杨素兵镇会稽郡，在枫溪渡口架桥而初名枫溪桥，后在桥东建驿曰枫桥驿，枫桥地名由此始。唐武德元年，改会稽郡称越州，金华郡为婺州，枫桥驿商贾骈集，香榧、丝绸等土特产在此盛卖，遂有“婺越通衢”之称。贞观四年（公元 630 年），唐代名将尉迟敬德（尉迟恭）到越州，重建枫桥的双孔石拱桥，桥下为水路码头，香榧等越州土产皆由此埠集散。宋大观二年（公元 1108 年）建制枫桥镇，三里长街局面从此形成。南宋乾道八年（公元 1172 年）置义安县，枫桥镇为县治乡名长阜。明代后期主营香榧、板栗、白果、笋干等山货的南市出现，值时，“上有枫桥、下有柯桥”“箬壳草鞋尖笠帽，千根扁担进枫桥”等民谚便广为流传。

历史上诸暨枫桥古镇一直为香榧集散地，如《重修浙江通志稿》云：“枫桥香榧产地在枫桥东二十余里山里山湾的地方，因村小而名不著，故山农以枫桥称之”。尤至晚清，“北春阳”“恒兴”“致和”等南货店相继以细榧为原料，精心加工，出笼了用木炭烘（诸暨农村的人称为“熜”）的香榧——“双熜香榧”（图 1-4-1），并冠以“枫桥香榧”大红标贴，远销杭沪苏甬，从此，名声大噪。至民国，杭州南星桥有 8 家山货行经营“枫桥香榧”，小商贩串街走巷，肩挑呼卖，因此“枫桥香榧”路人皆知，

图 1-4-1　榧农加工"双熄香榧"

"枫桥香榧"便成了专指香榧的代名词，驰名中外。

1993 年，"枫桥香榧"产品在泰国国际博览会上荣获金奖。1994 年 1 月"诸暨市枫桥香榧加工厂"注册了香榧行业第一个香榧商标——"冠军"香榧，1994 年 6 月诸暨市赵家镇工贸实业公司申报注册"枫桥"香榧品牌，使"枫桥香榧"实至名归。2011 年，"枫桥香榧"被国家质量监督检验检疫总局审定列为国家地理标志保护产品，2018 年被农业农村部列为农产品地理标志（图 1-4-2）。

图 1-4-2　枫桥香榧农产品地理标志

第二章

香榧的用途

第一节　珍稀干果

香榧是我国特有的珍稀干果，营养丰富、香味浓郁、风味独特、品质突出，被喻为"坚果中的爱马仕"。香榧，药食同源，色、香、味、形俱佳，以"枫桥香榧"的特点为例：

形：外形呈橄榄形或梭形，壳薄，棱纹浅而光滑，颗粒均匀齐整，呈流线型。

色：外种皮呈棕褐色或棕黄色，种仁炒后呈金黄色，有古色古香之韵，令人赏心悦目。

仁：种仁饱满，去衣（内种皮）容易，色泽金黄，肉质细腻。

香：具有香榧固有而独特的天然清香味，沁肺入腑，令人心旷神怡。

味：酥松爽口，香美甘醇，后味甘甜鲜滋，香味独特，令人回味无穷（图 2-1-1）。

图 2-1-1　椒盐香榧

一、壳薄仁满

香榧外壳薄，种仁饱满，出仁率高。炒制后食用时，只要用拇指和食指对准先端薄壳区相对的 2 只榧眼（也称西施眼），轻轻一捏，外壳即破（图 2-1-2、图 2-1-3）。

图 2-1-2　西施眼（榧眼）　　　　图 2-1-3　香榧两只眼睛对生
　　　　　　　　　　　　　　　　　（斯海平　摄）

二、去衣容易

香榧经双炒加工，种衣很容易去除。破壳时部分种衣自行脱落，只需将种仁与外壳稍加旋转，种衣即可去除（图 2-1-4）。

三、营养丰富

香榧从 4 月上中旬开花，到第二年的 9 月上中旬成熟，其在树上生长发育到成熟的时

图 2-1-4　去衣容易

间长达 18 个月，历时二年吸收天地之精华，富含多种营养成分。据检测，其主要成分的平均含量为：蛋白质 12% 以上、不饱和脂肪酸为主的脂肪 57% 以上、淀粉 5% 以上、总糖 2.8% 以上。还富含人体自身不能合成的必需氨基酸，以及钾、钙、铁、磷、锌、镁、硒等微量元素和多种维生素，特别是香榧中含有丰富的金松酸、叶酸、烟酸等特征脂肪酸，使香榧成为无论是营养、风味，还是药用和保健功效等都是独一无二的珍稀精品干果，产品屡获国内外殊荣。

此外，香榧除传统的椒盐香榧外，还可以加工成糖、饼、糕、面条、饮料等各种精美食品。

第二节　药用保健

香榧药食同源，不但营养丰富，风味独特，而且药用保健作用也很强，自古就是杀虫、去毒、明目、健身的良药。根据《神农本草经》《名医别录》《食疗本草》《图经本草》《本草纲目》等古医书记载，香榧具有化痰、止咳、润肺、驱虫、通便、消痔、去毒、解积、明目、美容、强身等功效。

图 2-2-1　金松酸胶囊

据江南大学、浙江省农业科学院和浙江农林大学等教育科研机构的最新研究，香榧中含有丰富的角鲨烯、谷甾醇、生育酚、烟酰胺、黄酮类等活性成分及金松酸、香榧酯、松油酸、杜松酸、异海松酸等保健功能成分，浙江省农业科学院研制的浓缩金松酸胶囊的金松酸含量已可达 80% 以上（图 2-2-1），有非常好的降甘油三酯（TG）、总胆固醇（TC）、防止肥胖、动脉粥样硬化、抗癌、抑制和抗肿瘤、提高免疫力及较强的抗氧化、抗衰老等美容保健功能。特别是香榧特有的金松酸还有促进糖代谢基因、改善胰岛素抵抗、降低血糖水平、保护肝脏等保健功能。此外，香榧中还富含抗菌、抗氧化、调控血压、抑制冠状病毒侵染的活性多肽和榧黄素等功能成分。食用油脂丰富的香榧子，还能有效驱除肠道中各种寄生虫，是一种天然的驱虫食品。

第三节　高档食用油

香榧种仁富含油脂，其种子含油率一般在 54% 以上，最高可达 61%。香榧油脂含有亚油酸、油酸、棕榈酸、山嵛酸、二十二碳酸、硬脂酸、亚麻酸、二十碳烯酸等 8 种脂肪酸，以亚油酸、油酸等不饱和脂肪酸为主，占脂肪酸总数的 78% 左右，是容易消化的高级食用油（图 2-3-1）。

图 2-3-1　香榧油

香榧子油因含有丰富的金松酸、香榧酯、松油酸、杜松酸、异海松酸等功能成分，具有较好的降三高作用。其中因香榧榨油后，这些功能成分集中在油中，如金松酸在纯香榧油中的最低含量为 6.5%，高的在 10% 以上。因此，金松酸在香榧油中的含量多少，也是目前检测是否为真正纯香榧油的唯一标准。

江南大学关于香榧油烹饪的研究表明，香榧油除可凉拌外，还可作为一款理想的日常炒菜用油，翻炒菜的适宜温度为 140 ～ 180℃，翻炒时间为 3 ～ 5 分钟，此时金松酸的保留率达在 96% 以上。

第四节 树、材的利用

香榧（榧树）是多用途树种，除食用、药用和榨油外，还可作为材用和绿化。

一、生态绿化美化

香榧属于常绿乔木，树姿优美，细叶婆娑，四季常青。特别是千年香榧林的森林景观非常优美，是现代人休闲旅游的极佳场所（图 2-4-1）。步入千年古榧林，可见雄榧树干雄伟挺拔，如坚实栋梁；香榧树枝繁叶茂，枝干纵横交错（榧树经过嫁接无主干，多分枝），树姿各异，盘根错节，千姿百态，令人啧啧称奇。且在 4—9 月香榧树上可同时看到大小

图 2-4-1 森林休闲

两代果（当年开花的幼果和当年可采收的大果），为绿化观赏的优良树种。同时，香榧枝叶茂盛，须根系发达，耐干旱瘠薄，在岩石裸露的石缝里都能扎根生长和结果，且经济寿命长，是一种非常适合山地绿化、美化和保护山地生态环境的理想树种，对保持水土、调节气候、美化环境都有良好效果，是一种社会、经济、生态效益俱佳的经济树种。

二、制作香榧盆景

盆景作为一门艺术，来源于劳动人民的创造。香榧盆景是树木盆景中的一种特殊类型，它以特有的生长形态和观赏价值的香榧（榧树），配以盆、山石、人物、鸟兽等材料，通过人工蟠扎、

修剪等艺术加工和精心制作，再现会稽山古香榧的生长特色和屹立千年的苍劲风韵，是人与自然相结合的艺术品，具有较好的观赏性（图 2-4-2、图 2-4-3）。

图 2-4-2　最早的香榧盆景

图 2-4-3　近年的金奖盆景

香榧盆景的最初制作是从 2010 年开始的，诸暨赵家镇有一家香榧企业用嫁接后 2～3 年、形状比较适合观赏的香榧苗木种在紫砂盆里，也没有做其他的造型、修剪一类的工作，实际上是"盆栽香榧"，但也很好看，受到很多人的青睐。后来有好多企业开始做起香榧盆景，也开始通过一些盆景制作技艺来制作香榧盆景，逐年提高了香榧盆景的制作水平。特别是从 2015 年起，浙江省香榧产业协会和绍兴市自然资源和规划局合作，每年举办浙江省"会稽山杯"香榧盆景大奖赛，以弘扬香榧历史文化，挖掘香榧观赏价值，延长产业链，促进香榧盆景进入千家万户，逐步营造"种香榧、爱香榧"的社会氛围，更是促进了香榧盆景的制作技艺，使香榧盆景发展迅速。

三、制作榧木器具

榧树生长慢，木材的比重大、纹理致密、不翘不裂，耐水湿，质地轻滑，容易切削、加工，切削面光洁，是非常好的建筑、船舶、家具和雕刻良材，在诸暨、嵊州等香榧主产区可常见用作村里祠堂庙宇的柱子和栋梁，农户家里的床、桌椅、柜等（图2-4-4、图2-4-5）。制作榧木器具的最早记载为《尔雅》，其在书中称榧树为彼："其树大连抱，高数仞，其叶似杉，其木如柏，肌理软，堪为器也"，指出榧木可作器具。东晋《王羲之传》中记载："王右军尝诣一门生家，见一新榧几，至滑净，便书之，正草相半。"唐代王昌龄的诗"芳香净榧几，松影闲瑶墀"，说明榧几当时已是相当名贵的家具。20世纪80年代，日本客商来到诸暨斯宅，高价购买了一棵大榧树做围棋棋盘以及象棋子。因高等材质、手工精致制作的围棋盘、象棋，在日本乃至世界棋界的价格雄踞高端，并且具有很高的收藏价值，据说当时一个榧木围棋盘，在日本的价格就达1万美元以上。

图 2-4-4　榧木桌椅

图 2-4-5　榧木雕西施

四、提炼拷胶和香料

此外，香榧假种皮内含有多种芳香物质，可提取假种皮精油和高档香料；树皮含单宁 3.7% ～ 6.1%，可提炼工业用的拷胶，还可以制作蚊香、肥料等，全皮利用，价值可观。

第三章

香榧的生物学特性

第一节　香榧的适生条件

香榧对土壤的适应性强，在微酸性至微碱性土壤上都能较好地生长，并耐干旱瘠薄，无论是沙土、石砾土，还是在岩石裸露的石缝里都能扎根生长，如在适宜的条件下，其长势更好。

一、气候条件

种植香榧也需适地适树，适宜的气候是香榧生长、结果的基础条件之一。香榧适生于海拔 200 ～ 800 m 的山区气候，在温暖、湿润、光照充足的立地条件下生长、结果良好。香榧中心产区诸暨市的气候条件为：年平均气温 16.5 ℃，年降水 1 600 mm，初霜期在 11 月上旬，终霜期在 3 月中下旬，年积温 4 600 ～ 4 800℃（图 3-1-1）。

图 3-1-1　钟家岭香榧

二、地形、地势

良好的地形、地势对香榧生长很重要。宜选择通风向阳、排水良好的平缓坡地，高海拔地区宜选择避风向阳的缓坡种植香榧；土壤瘠薄的山岗和风口处香榧生长不良，不宜种植；在低海拔地区特别是平原地区种植香榧，一定要选排水良好的地块，并注意避免高温干旱和强光照对香榧的危害。

三、土壤条件

图 3-1-2　黏性过重的土壤
不适宜种植香榧

适宜的土壤是香榧生长结果好的基础。宜选择土层深厚（50 cm 以上）、土质疏松、有机质含量高、肥沃、排水良好的砂质壤土、微酸性至中性土壤种植香榧，土壤黏重、排水不良及通气性差的土壤不宜种植香榧（图 3-1-2）。

根据对不同土壤质地香榧基地产出的香榧调查，种香榧的土类以红壤为主，有一部分为黄壤（山地黄泥土、山地香灰土）。不同质地的土壤生长出来的香榧品质也不相同：火山土土壤非常肥沃，含有丰富的有机质和钾、钙、镁等矿物质，种出来的香榧风味质量好；山地香灰土有机质含量高，香榧生长、结果好；黄泥土上种植的香榧甜度好、肉质细腻。

第二节　香榧的根系

一、香榧为浅根性树种

香榧在幼年期有明显的主根，随着树龄的增长，侧根的分生能力增强、生长快，组成强大的侧根系，侧根上长须根，须根上长有能吸收水分和养分的根毛，而主根生长则衰退（图 3-2-1）。

图 3-2-1 香榧的侧根和须根

二、香榧根系的分布

香榧的侧根由骨干根、侧根、须根构成侧根系。以水平分布为主，小树的根幅可达树冠的 3 ～ 4 倍，大树的根幅可为树冠幅的 2 ～ 3 倍。离地表深 15 ～ 50 cm 为侧根和吸收水分养分的根系密集分布区，成年大树可在土壤深度 30 ～ 60 cm 处形成粗壮的侧根群，土壤深厚的其粗壮侧根可深达 70 ～ 80 cm。

三、根系的生长特点

香榧的根由表皮、皮层和中柱（木质部）组成。香榧的根系常年生长，苗期和幼龄期的根系在整个生长季节中，都能正常生长，但到香榧树开始结果后，由于花芽分化、开花结果，对营养的需求量大大增加，其根系生长量在全年中也有所不同。据观察，根系有 3 个生长高峰期，分别是在 3—4 月，此时树上花芽分化发育、开花结果，根系的生长量小一些；春末夏初的 5—6 月，因香榧果实膨大生长迅速，需要大量的养分，促使新根生长旺盛；采收前的 8 月中下旬至翌年 1 月，此时地上部分需补充营养，生长量小，天气适宜，特别是香榧采收后树体光合作用制造的有机物质能较多供给根系生长，所以是香榧新根生长量最多、根系生长最旺、根系生长期最长的时期。

四、根系生长需通气性好的土壤

香榧根的根皮较厚，根皮上长有根毛，平时靠根毛吸收水分和养分。香榧根皮中含有较多的水分，俗称"肉质根"，较耐干旱，但长期积水则易造成根系腐烂。香榧的根系生长需要有较好的土壤通气条件，林地荒芜、板结和积水时须根上浮，生长衰弱。

五、根系再生能力强

在立地条件好的情况下，生长旺盛的根一旦折断，能在断口产生粗壮有力的新根。

香榧根系在达到一定的生长量后，其须根尖端枯萎，基部又萌发出新的根系，进入下一个生长高峰期。

第三节　香榧的芽和叶

一、香榧的芽

香榧的芽根据着生位置可分为定芽和不定芽，根据芽的性质又可分为花芽、叶芽和混合芽。

（一）定芽

1. 定芽的着生部位

香榧枝梢顶端的芽叫定芽。定芽一般常 3 ～ 5 个簇生于 1 年生枝条的顶端（图 3-3-1），中间的芽为顶芽，边上的芽为侧芽，有的还有隐芽数个。顶芽明显比侧芽粗长，抽生为延长枝，侧芽则抽生为侧枝。

图 3-3-1　生于枝条顶端的定芽

2. 定芽的种类

定芽又可分为混合芽（花芽）和营养枝芽（叶芽），混合芽抽生为结果枝，叶芽抽生为营养枝和延长枝（图 3-3-2）。

3. 定芽的个数

延长枝先端通常有 5 个芽（生长旺盛的树枝可多达 7～9 个芽），侧枝一般 3 个芽，幼年树侧枝也可有 5 个以上的芽，呈簇生状，中间一个为顶芽，多抽生为延长枝，边上为侧芽。

图 3-3-2　混合芽抽生为结果枝，
叶芽抽生为营养枝

（二）不定芽

不定芽属于隐芽，一般长在老枝的枝节部位和高枝嫁接后的砧木树干上。粗壮的 1 年生枝条节间也有少量不定芽的隐芽。生长、结果旺盛的初生树的粗壮秋梢的叶腋间也会长出不少不定芽，可分化为混合芽。枝条叶腋间、枝条顶端和树干分枝处具有隐芽原基，受刺激也会萌发不定芽（图 3-3-3）。

图 3-3-3　枝节上的不定芽萌发

（三）混合芽

结果母枝上的芽（定芽），可分为混合芽和叶芽两种。发育成结果枝的芽叫混合芽，其长出的枝上，既有花，也有枝和叶，是花、枝、叶混合在一起的芽。混合芽一般由结果母枝上的侧芽分化而成，生长势较弱的结果母枝顶芽和下垂枝顶芽也会发育成混合芽。部分不定芽抽生当年就可以分化成混合芽。

结果母枝上的芽分为两种情况：

1. 全是混合芽

结果母枝顶上分化的芽全部都是混合芽，即枝上的芽抽生的都是结果枝（图 3-3-4）。

图 3-3-4　3 个梢全是结果枝

2. 既有混合芽又有叶芽

结果母枝上分化的芽既有混合芽，也有叶芽，即结果母枝上的芽既抽生有结果枝，又抽生有营养枝（图 3-3-5）。

图 3-3-5 混合芽抽生结果枝，其余 3 个是叶芽

混合芽在低海拔地区 3 月上中旬萌动，3 月下旬至 4 月初抽生；山区高海拔的香榧则在 3 月中下旬萌动，4 月上中旬抽生。抽生出的新梢在梢基部的叶片展开后即开花。

（四）叶芽

抽生营养枝的芽叫叶芽。香榧的叶芽一般在 3 月下旬至 4 月上旬萌动，4 月上中旬抽生新梢，6 月中下旬停止生长，生长期为 80～90 天。

二、香榧的叶

（一）叶片的外形

1. 叶片形状

香榧的叶片为线状披针形，有的叶形反卷成镰刀状，呈螺旋状两行排列。叶端有刺状短尖，叶基圆钝，宽楔形，有短叶柄，叶面微凸，纵向反拱，横向弧形，叶缘近平行，叶背面有两条黄绿色较宽的气孔带（图 3-3-6）。

图 3-3-6 叶片形状
（上图为正面，下图为背面）

2. 叶片数量

结果枝的叶片一般为 7～15 对，其中果前枝上 0～5 对，

果后枝上 6 ～ 10 对，果中段有时有叶 2 ～ 4 对；营养枝叶片 14 ～ 35 对，一般成年香榧树的营养枝叶片多为 18 ～ 25 对。

3. 叶片大小

叶长 1.5 ～ 2.5 cm（生长旺盛的延长枝上的叶长可达 3 cm），宽 3 ～ 4 mm；一般结果枝上的叶较营养枝上的叶短小。

上一年的叶

刚抽生的叶

图 3-3-7　叶色比较

4. 叶片颜色

新梢刚抽生展叶时的叶呈淡黄色，后转为淡绿色至浓绿色（图 3-3-7），有光亮，背面呈淡绿色。

（二）叶片的生长

香榧的叶片从新梢抽生时开始生长，但结果枝与营养枝的抽生时间不同，其叶片的生长时间也不相同，结果枝要早于营养枝，一般相差 10 天左右。同时，由于所处海拔不同，其新梢抽生时间也不相同，海拔低的香榧树抽梢早，海拔高的香榧树抽梢迟。

1. 结果枝叶片生长

结果枝上的叶片从 4 月上中旬开始生长，4 月下旬至 5 月上旬叶形和大小基本定型，5 月中下旬叶色由黄绿转为浓绿，停止生长。

2. 营养枝叶片生长

营养枝上的叶片一般在 4 月中下旬开始生长，5 月中下旬定型，6 月上中旬停止生长。低海拔地区香榧叶片的生长比山区高海拔地区要早 7 ～ 10 天。

（三）叶片的寿命

香榧叶片的寿命一般都在 2 年以上，长的可达 4 年以上。叶片老后逐渐变黄脱落，老叶脱落和新叶抽生同时进行，出现新老叶片明显的替换现象。每年的4—6月为香榧老叶的落叶期，同时伴随有规则的自然整枝。

第四节　香榧的树干和枝条

一、香榧的枝干

榧树主干十分明显（图3-4-1），由1～3级枝组成树冠骨架，各级骨干枝上产生侧枝——形成侧枝群。香榧树由于经过嫁接，一般没有明显主干（图3-4-2），分枝较多，侧枝发达，成年香榧树由粗壮的分枝（主枝、副主枝）和侧枝形成多干的圆头形或开心形树冠。

图 3-4-1　榧树　　　　　　图 3-4-2　香榧树分枝多
（有直立主干）　　　　　　　（无直立主干）

二、香榧的新梢

1. 成年香榧树的新梢

进入盛产期后的香榧树一般一年只抽1次梢，即春梢，一般

图 3-4-3 刚进入盛产期的
树枝梢有力

图 3-4-4 春梢和夏、秋梢

枝梢的长度为 10～15 cm，结果枝的长度为 3～8 cm，而刚进入盛产期的树营养枝梢生长有力则长一些（图 3-4-3）。成年香榧树顶端的延长枝新梢也只有 15～20 cm，所以以树高度方向生长较为缓慢。

2. 幼年树的新梢

生长旺盛的幼年树每年可抽梢 2～3 次，即春梢、夏梢和秋梢，一般春梢较短，夏、秋梢较长，年新枝梢生长总量可长达 40～50 cm，所以结果前的幼树和初产树生长较快。

夏秋梢上叶腋处常有 3～10 个腋芽，腋芽在第二年一般都能萌发抽生新梢，有的腋芽为混合芽，抽生为结果枝（图 3-4-4）。

三、香榧结果母枝

着生结果枝的枝条叫结果母枝，一般长 6～10 cm。结果母枝一般为上一年抽生的侧枝，比较粗壮、充实，先端的芽也比较肥大。其侧芽一般抽生为结果枝，少量为营养枝，顶芽可为结果枝或延长枝。

四、香榧结果枝

直接开花结果的枝条为结果枝，由结果母枝的混合芽抽生而成。结果枝长度 3 ～ 12 cm，多数为 3.5 ～ 8 cm。产量高的香榧树的果前部分枝比果后部分枝要长。生长旺盛的结果枝能继续抽梢，少量结果枝第二年枝顶能继续抽梢结果（图 3-4-5）。

图 3-4-5 结果枝上继续抽梢结果

五、枝条生长特点

香榧的枝条是逐节生长的（春梢、夏梢、秋梢各为一节），枝条在衰老时，或枝条过密而自然整枝时，在分枝膨大处，节间如关节一样，众枝一个个脱落，在脱落处留下一个光滑的碗形脱痕（图 3-4-6）。通过脱枝、萌发新枝，来保持树体的生长结实能力，这是香榧保持生机的独特生命机理。

图 3-4-6 枝条碗形脱痕

第五节 香榧的花和果

一、香榧的花

香榧为裸子植物，而裸子植物是没有真正的花的。因此，香榧的花没有花冠、花萼、花托、花瓣等花的器官，它的"花"是球形的，叫孢子叶球，开花的外形是胚珠发育成熟后在珠孔上出现的传粉滴，但在习惯上还是称它为花。

图 3-5-1　龙凤香榧（两性细榧）

（一）香榧雌雄异株

香榧为单性花，即雌花，极个别的为雌雄同株（称两性细榧、龙凤榧）（图 3-5-1），香榧结果需要雄榧树花粉的授粉。

（二）香榧为风媒花

一般植物靠蜜蜂传粉或自花受精结果，而香榧的花（为圆珠状的传粉滴，俗称性水）和雄榧树的花粉是无蜜、无香味的，则以风为媒进行传粉受精，即依靠风把花粉吹到传粉滴上（胚珠上）受精，属风媒花（图 3-5-2、图 3-5-3）。

图 3-5-2　香榧雌花开放
（渗出传粉滴）

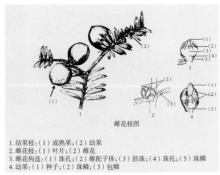

雌花枝图

1. 结果枝：（1）成熟果；（2）幼果
2. 雌花枝：（1）叶片；（2）雌花
3. 雌花构造：（1）珠孔；（2）雌配子体；（3）胚珠；（4）珠托；（5）珠鳞
4. 幼果：（1）种子；（2）珠被；（3）包鳞

图 3-5-3　香榧雌球花
（浙江农林大学供图）

（三）香榧花的数量

香榧的雌花成对着生于新抽生的结果枝中上部叶腋间，数量为 5 ～ 14 对，常为 7 对左右。

（四）香榧开花特点

香榧一般在 4 月上中旬开花（低海拔种植的香榧在 3 月底至 4 月初开花，山区一般在 4 月中旬开花），结果枝抽梢开花时在雌花珠孔处渗出明亮有黏性的传粉滴（传粉滴是香榧雌花珠心组织的周期性分泌物质，富含糖和氨基酸等营养物质），见到传粉滴即为香榧开花，可授粉受精。香榧的花没有完整花的柱头，传粉滴就起到了柱头的传递花粉的作用，当香榧花粉落到传粉滴上后，随传粉滴回缩吸进珠孔道，再进入胚珠的贮粉室进行萌发，花粉萌发后缓慢地形成精子，至 7—8 月才受精。后卵子缓慢发育，形成原胚。第二年 3 月下旬至 4 月上旬开始，原胚逐渐发育膨大，至 9 月果实成熟（图 3-5-4）。

图 3-5-4　香榧开花至种子形成及发育过程（斯海平供图）

雌花首次出现的传粉滴较小，如没有授粉，传粉滴逐渐变大，如逢低温或阴雨天气传粉滴回缩。笔者1980—1983年在诸暨市赵家镇的宣家山村（里宣、外宣、黄坑、杜家坑）、榧王村（西坑、钟家岭）观察，香榧开花（传粉滴出现）与当时当地的气候密切相关，当时杜家坑的香榧初花时间一般在4月14—15日，而里宣、钟家岭等村则要迟1～2天。当气温稳定在14℃以上时，传粉滴开始出现，气温降至11℃以下时或下大雨时则传粉滴回缩，至天晴气温回升时传粉滴则又出现，但如没有授粉一般传粉滴在5～7天后会逐步缩小。而榧花传粉滴一遇花粉就回缩不再出现。

（五）香榧可授粉的花期

单个结果枝的花期从始花期开始一般为7～10天，单株香榧的花期10～15天，天气晴暖时则花期缩短，而低温多雨天气时其花期则相应延长。有传粉滴出现时均为可授粉期，但以传粉滴出现后的第2天起的5～7天（此时传粉滴的量最多，或说是最大）为最适授粉期（图3-5-5）。

图3-5-5　传粉滴最大时授粉最适宜

二、榧树雄花

（一）授粉雄榧树

香榧结果需雄树授粉。老产区的雄榧树大多都是树龄在百年以上的大雄榧树，有明显主干，属于花期与香榧同期开花的天然雄榧树，树大、枝繁、花粉多，一般不需要进行人工授粉。新发展基地的雄榧树大多是同期种植的通过嫁接繁育的小雄榧树，由于雄榧树种下后开头几年生长比香榧树慢，往往香榧已大量开花结果了，雄榧树还未开花，或虽已开花，但树小、花少，花粉的量不够，初产期时基地还需进行人工辅助授粉。

（二）雄榧种类

现在几乎所有的雄榧树都没有分品种，也没有对其花粉的质量好差进行区分，只是选择花期相遇的雄榧树种植或嫁接。因此，有时就会出现授粉效果差、结出来的香榧果实质量差等情况。如香榧子的形状一般是长籽形的，但有的整株树的香榧都是有点短圆的，实际上是用质量不好或圆榧类的花粉授粉而引起的。

据作者调查，以雄花开花的时间来分，雄榧树大致可分为3类：

1. 早花类型

指在雌花还未开花，就已开花撒粉的雄榧树。早花类型的雄榧树一般是在3月下旬至4月上旬开花，可作为人工授粉的花粉资源。

2. 中花类型

开花时间与雌花开花时间相同，即花期相遇的雄榧树。这类雄榧树在4月中旬开花，为香榧自然授粉需要的雄花类型，是目前香榧栽培中大量繁育种植的雄榧树类型（图3-5-6、图3-5-7）。

图 3-5-6　开放前的雄球花

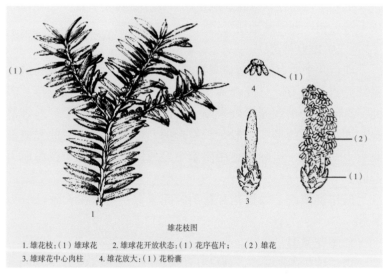

雄花枝图

1.雄花枝:（1）雄球花　2.雄球花开放状态:（1）花序苞片;　（2）雄花
3.雄球花中心肉柱　4.雄球花放大:（1）花粉囊

图 3-5-7　雄球花示意（浙江农林大学供图）

3. 迟花类型

开花时间在香榧（雌榧树）开花以后再开花的雄榧树，即在4月下旬至5月上旬开花的雄榧树，这类雄树无任何授粉价值，可作为嫁接良种的砧木用。

此外，从花蕾外形来分，雄榧树有大花蕾类型、中花蕾类型和小花蕾类型。

花粉的质量也是不同的，但目前还没有人对不同花粉的授粉、受精质量进行过深入细致的研究。单从实践操作中来看结果的情况，雄榧树的花粉性状中应该分长籽型和圆籽型的。在2005年前后，主产区的雄花粉不够人工授粉的需要，到安徽等外省圆榧类多的地方采购雄花粉，第二年结出来的香榧果实就有一部分形状像圆榧的。

（三）雄榧的芽和花

1. 雄榧的芽

雄榧的芽也有定芽、不定芽（隐芽），也分为混合芽和营养枝芽。雄花母枝上的芽也为混合芽和营养枝芽，其中混合芽抽生为雄花枝，营养枝芽抽生为营养枝和延长枝（图3-5-8）。

图3-5-8 混合芽抽生为雄花枝和叶芽抽生为延长枝

2. 雄榧的花

雄榧的花为球花。雄球花单生于雄花枝条的叶腋间。雄球花在雄花枝抽生后缓慢发育，一般在5月中下旬，在当年抽生的雄花枝上的叶腋间可看到小芽状的球花原基，此时可知道此雄榧树明年的开花量。此后仍缓慢发育，至翌年3月中下旬时

图 3-5-9 已开和未开的雄花

发育成雄花球。花期一般在 4 月上旬至 5 月初，大致可分为早、中、晚 3 期，群体花期为 25 ～ 30 天，单株花期在晴天且温度较高的情况下多为 2 ～ 3 天，少数为 5 ～ 7 天。自然条件下花粉活力在 25 天左右（图 3-5-9）。

三、香榧的果实

（一）香榧果实的特点

1. 榧实

榧实（带假种皮种子的果实）呈长倒卵形、橄榄状，外面一层为假种皮，里边为种子（香榧子）（图 3-5-10）；榧实靠果柄处一端略小，顶部微平宽，先端具一小尖突，无明显的白色果粉，果实纵径 2.9 ～ 3.3 cm，横径 1.5 ～ 1.9 cm，果皮条纹细密，呈纵向突出，假种皮富含多种芳香油脂成分；假种皮里面为外种皮（一层硬壳），外种皮的里边为种衣（炒熟后的黑衣），中间为胚乳（种仁）（图 3-5-11）。

图 3-5-10　果实外形

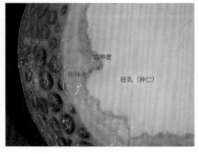

图 3-5-11　发育中的果实
（夏国华供图）

2.种子

种子为长尖状倒卵形或棱形（图 3-5-12），外种皮硬质，呈棕褐色、棕黄色，棱纹细密平直，顶端肥大而基部略尖，长 2.5～3.0 cm，宽 1.1～1.4 cm，大小均匀，形态整齐，顶端薄壳区内有 2 个对称而突起的分泌道残留孔，俗称榧眼，壳薄，种仁饱满，油脂含量高，炒食松脆味美，有独特的榧香风味。

图 3-5-12　种子的外形

3.双联果现象

香榧一般一个榧果里面为一粒种子，但极个别的里面有连在一起的 2 个半圆状的种子，在香榧产区叫"双连榧"，是非常吉祥的榧子，常用作结婚时的喜庆果子（图 3-5-13），寓意"永结同心，早生贵子"。因真正的"双连榧"非常难找，现在是把两颗生的香榧子染成红绿色后用红丝线绑在一起当作"双连榧"。

图 3-5-13　双连榧婚庆喜果

（二）香榧果实的生长发育

香榧果实生长时间长，从胚珠受精后到果实成熟，跨 2 个年度，历时约 18 个月，480～500 天。因此在 4 月开花后至 9 月采收（前一年结的果）前，在树上可同时看到大小两年的果，这是香榧特有的"两代果"现象，所以在榧产区流传着"千年香榧三代果"的谚语，即树上两代果，另外一代果为农民家中贮藏的上一年香榧子，可三代见面；此谚语的另外一种说法为：原来香榧栽培技术落后，爷爷种的香榧要到孙子这一代才有收成，即要吃长寿的香榧要三代相传。而"香榧一年开花，二年结果，三年成熟"的说法是错误的。

香榧果实从受精、生长发育到成熟，可分为 5 个时期：

1. 缓慢生长期

雌花在 4 月授粉、受精后，胚珠缓慢生长，呈粟米粒大小到荞麦粒大小，历时 200 天左右（图 3-5-14）。

2. 相对静止期

自 12 月至翌年 3 月，110～120 天，处在越冬休眠状态，幼果外观极少变化（图 3-5-15）。

3. 快速增大期

越冬后的幼果从 4 月上旬开始发育、膨大，4 月中下旬随气温升高，幼果从珠鳞中伸出，进入旺盛的膨大生长期，到 6 月中下旬外形大小基本定局，其中 5 月中旬至 6 月中旬，果体增大最快，占总增长量的 70%～80%（图 3-5-16）。

图 3-5-14　8 月时的幼果外形

图 3-5-15　2 月时的幼果

图 3-5-16　榧果快速增大期

4. 内部充实期

从 6 月下旬至 9 月上中旬，为香榧种仁的内部物质充实期。包括种壳变硬，种仁由浆汁凝固成淀粉物质等（图 3-5-17）。

图 3-5-17　香榧种子内部充实期

5. 形态成熟期

9 月是香榧的成熟采收期。大部分香榧的成熟时间在"白露"至"秋分"期间，即在 9 月上中旬成熟。此时，香榧假种皮

图 3-5-18 形态成熟期的香榧

由绿色变黄绿色或淡黄色，并与种壳分离，开裂露籽，少量榧子开始脱落，即是香榧适宜的成熟采收期。700～800 m 的高海拔地区的香榧成熟早一点，8 月底、9 月初已会有少量香榧成熟。而平原低海拔地区则在 9 月下旬至 10 月上旬成熟（图 3-5-18）。

四、香榧产量的不稳定性

（一）落花落果率高

图 3-5-19 膨大期落果

香榧发枝强，雌球花多，通常 100～200 年生的榧树，花多达 10 万余朵，如花粉资源足，授粉及时，幼果率可高达 95% 以上，但香榧成熟时仅剩 1 万～1.5 万粒，落花落果率高达 90% 左右（图 3-5-19）。开花时每个雌花枝一般有花 7 对左右，但到成熟时，平均只有 0.5～1 粒果/枝，如果每个结果枝达到 1 粒以上就是香榧丰收年了。

（二）品种间差异大

结果习性好的丰产树，至成熟时常可看到成串如葡萄般的香榧，每个结果枝上常有香榧 2～3 粒，多的达 5 粒以上。在香榧产区，也有榧农叫结果习性好的香榧树为葡萄榧（图 3-5-20），叫结果习性差的香榧树（香榧在树上东挂一颗、西挂一颗）为挂灯榧（图 3-5-21）。

图 3-5-20 成串的香榧   图 3-5-21 单颗挂果

（三）自然因素影响

香榧产量的不稳定性与香榧从开花结果到成熟长达 18 个月的生长期也有关。因为香榧在授粉期及果实生长发育期对不良气候十分敏感，尤其是在 4—6 月的果实快速增大期，需要有足够的肥水供应，又要有充足的阳光。如长期干旱缺水，幼果难以膨大，或长期阴雨缺少光照、香榧褐腐病的为害等因素，都容易给香榧造成大量的落花落果。

第四章

香榧造林技术

第一节　香榧良种

一、香榧品种

香榧属红豆杉科榧属植物，是从众多的榧树中选育出来的优良品种，原称细榧，从清代乾隆年间才叫香榧，即香榧就是细榧。但香榧在长期的栽培管理过程中受立地条件、管理措施、生态环境及长期的无性繁殖等多方面的影响，在生长、形态、结果、物候期等方面都产生了一些变异，主要表现在树形、叶子形状、结果习性、成熟期、品质等方面良莠不齐。

2002 年，诸暨市林业科学研究所对细榧群体进行了认真细致地选育，选出的细榧经浙江省林木良种审定委员会审定后，被正式认定为浙江省林木良种，也是我国被正式认定的第一个榧树良种，2011 年细榧又被认定为国家级林木良种。

当然，这样选育出来的香榧品种肯定是好的，但千家万户育苗，不可能有这么多的纯种接穗，有不少接穗都来自一般的香榧树上，育出来的苗木长成树后其结果性状差异会比较大。

近年来，诸暨、东阳等地从栽培的农家品种"细榧"群体中又选育出了与原细榧的生长、结果等有不同特性的龙凤细榧、美林细榧、立勤细榧等新品种。

（一）细榧（国 S–SV–TG–024–2011）

香榧的品种名为细榧，是会稽山一带榧树中的农家品种，由诸暨市林业科学研究所选育。香榧（细榧）一般通过嫁接繁育，稳产，抗性强。榧子大小均匀，形态整齐，棱纹细密平直，壳薄，种仁饱满，油脂含量高。据浙江林学院（现浙江农林大学）检测，种仁含油率54.62% ～ 61.47%，其不饱和脂肪酸占脂肪酸总量的78.89%。炒后，质松脆，味清香，有独特的榧香风味，品质上佳。盛果期单株榧蒲产量 150 kg 以上，9月上中旬成熟（图4-1-1）。

图 4-1-1　细榧良种

（二）大叶种细榧（浙 R–SV–TG–005–2008）

该品种种实偏大，产量高，稳产性强，进入结实期稍迟，叶子比细榧偏大偏宽，抗性强，稳产性好。盛果期单株榧蒲产量 200 kg 以上，鲜出核率约35.47%，种仁含油率约51.40%。种仁松脆，商品性能优。

（三）象牙榧（浙 R–SC–TG–007–2006）

是细榧中的芽变类型，物候期与普通细榧一致。榧子细长，单粒重约2.42 g，炒制后单粒重约1.80 g，稍高于同年香榧的1.72 g，种仁含油率约55.04%。壳薄，种仁饱满，白亮光洁，种衣易脱，风味近似细榧。盛果期单株榧蒲产量 50 kg 以上，9月上中旬成熟（图4-1-2）。

图 4-1-2　象牙榧

（四）龙凤细榧（浙 S-SV-TG-006-2017）

该品种雌雄同株、同枝，花期同步，可同株或异株授粉（见图 3-5-1）。9 月 5 日前后成熟。盛果期单株榧蒲产量 100 kg 以上，鲜果（榧蒲）每千克 178 粒左右，出仁率 60%，种仁含油率 50.0% 左右，炒后脱衣容易，种仁松脆，商品性好，风味近似细榧。

（五）美林细榧（浙 R-SC-TG-010-2018）

该品种是丰产稳产品种。小苗嫁接栽植后 8 年生平均株产鲜果 0.7 kg，盛产期平均株产榧蒲 32 kg，可亩产干果约 260 kg。鲜果出核（子）率 34.1%，出干核率 24.6%，核形指数 2.23，鲜核单粒重约 2.65 g；干核单粒重 1.91 g，干核出仁率 69.1%。树势中等，丰产性好，大小年差距小。风味与细榧同。

（六）立勤细榧（浙 R-SC-TG-011-2018）

幼树延长枝（骨干枝）开张角度大，15 年生开张角度近乎 45°，或第 2 轮枝的侧枝几呈水平伸展。早产丰产性好，20 年生时产量基本稳定在亩产青果 700～1 000 kg，大小年差异在 25% 以内。鲜出核率约 34.1%，出仁率约 69.1%。种核细长、均匀，风味与细榧同。

二、榧树优良品种

除香榧品种外，香榧产区的实生榧树群中，还有芝麻榧、米榧、茄榧、丁香榧、獠牙榧、旋纹榧、蛋榧、大圆榧、圆榧、小圆榧、两性圆榧、两性芝麻榧和落霜榧等多种榧树的实生自然类型。其中榧子有长有圆，有大有小，品质有好有差，成熟期有早有迟，有的好吃，有的不好吃，千差万别，就是同一类型榧树也各不相同。近年来，各榧产区也从大量的实生榧树中选育出了不少优良单株，有的单株个别性状（如含油率、金松酸含量）特别突出，经浙江省林木良种审定委员会审定为良种的主要有以下品种：

（一）珍珠榧（浙 R-SC-TG-008-2006）

属小圆榧类。榧子小圆，壳薄，种仁饱满，表面白亮光滑，种衣极易脱，种仁中粗脂肪含量 59.47 %，炒制后单粒重 1.53 g。盛果期单株榧蒲产量 100 kg 以上，成熟期为 9 月中下旬（图 4-1-3）。

图 4-1-3 成熟待采的珍珠榧

（二）东榧 1 号（浙 R-SV-TG-002-2008）

发芽早，种实细长，均匀，种仁松脆，品质优，早实丰产稳产，成熟早。盛果期单株榧蒲产量 200 kg 以上，假种皮薄，出籽率 48.69%，鲜果（榧蒲）每千克 139 粒左右，出仁率 64.02%，种仁含油率 54.87%。炒后脱衣容易，种仁松脆，商品性好。9 月上旬成熟。

（三）朱岩榧（浙 R-SV-TG-006-2008）

叶较稀疏，大果类型，发芽早于细榧。抗性强，产量高，盛果期单株榧蒲产量 200 kg 以上，种仁较饱满，鲜出籽率 28.10%，种仁含油率 48.86%。炒后脱衣容易，种仁松脆，商品性较好。9 月中旬成熟。

（四）东白珠（浙 R-SV-TG-002-2009）

子形较圆，壳薄，种仁饱满，脱衣容易，品质优。种实成熟期为 9 月中下旬，比细榧迟 7 ～ 10 天。

（五）脆仁榧（浙 R-SV-TG-003-2009）

子形较长，壳较薄，种仁较饱满，脱衣极易，极松脆，口感佳，品质优。种实成熟期为 9 月中旬，比细榧迟 10 ～ 12 天。

（六）早缘榧（浙 R-SV- TG-013-2023）

油脂含量高，淀粉含量低，金松酸含量高。种衣易脱，果肉细腻，酥松，回味浓郁。嫁接繁殖，9 月上旬成熟，比细榧早

5 ～ 7 天（图 4-1-4）。

图 4-1-4　8 月上旬的早缘榧

（七）小籽象牙榧（浙 S-SV-TG-007-2021）

早产丰产性能较好。种核细长，尾部渐尖，呈象牙状，出仁率高达 66.2%，种仁含油率 52.5%。种仁易脱衣；开口处理时种壳多为纵裂，适宜加工开口香榧。9 月上中旬成熟。

（八）嵊珠（浙 S-SV-TG-008-2021）

种子膨大率高，成串结实，丰产性好，种实近圆形，平均鲜重 6.6 克，出仁率可达 66.14%，种仁含油率 50.26%。种子较小，采摘较费工。9 月中下旬成熟。

这类榧树良种，其表现性状大都是母树的性状，有些性状未经子代鉴定，所以选择时需慎重。

三、香榧的主要特征

（一）品质风味优良

香榧的子形比芝麻圆榧类要细小，且外种皮致密，棱纹平行秀气，种仁酥松细腻，风味好，品质优良，故称为细榧。而实生的芝麻圆榧类榧子的外种皮粗糙，棱纹梗突无规则，种仁质地粗硬，品味差，俗称"粗榧""木榧"。

（二）无明显直立主干

香榧嫁接繁育，一般其树形多偏冠，无中央主干，在一年又一年的生长过程中逐渐变成多主干树冠（图 4-1-5）。幼龄多偏圆冠树形，成年榧树常成为多个分叉的自然开心形树形，树冠上部多呈圆头形、半圆头形和短圆锥形树形。百年以上大树的树高可达 20 m 以上，冠幅直径 10 ～ 16 m。香榧的树皮呈黑褐色，有小块状斑驳，2 年生枝呈红紫色；叶片呈线状披针形，叶色浓绿光亮。

图 4-1-5　香榧树无明显直立主干

（三）无性繁育，经济寿命长

该品种通过无性繁殖。繁育的方式常为嫁接繁殖，嫁接的方式有实生苗嫁接、种砧嫁接（胚枝嫁接）和根砧嫁接，也可扦插繁育，还可以组织培养的方式育苗。一般常采用先培育榧树实生苗，然后嫁接香榧的方式繁育香榧苗。嫁接后的香榧苗木造林 5 ～ 8 年结果，15 ～ 20 年进入盛产期，单株榧蒲产量 15 ～ 30 kg，百年以上的大榧树单株榧蒲产量最高可达 150 ～ 200 kg，经济寿命可长达千年以上，为世界上通过嫁接繁育的最长寿的山地经济林木。

第二节　苗木培育

一、采种

（一）作种子用的榧树类型

香榧育苗用的种子，在 2005 年前一般采用细榧或芝麻榧的种子，发芽率高，出苗较整齐，但种子成本稍高，因此，后来大多采用价格较低的圆榧类种子，经多次试验后，圆榧类种子的发芽率高达90%以上。

（二）采种用的榧树树龄

育苗用的种子要在生长健壮的成年母树上采收。

（三）必须采充分成熟的种子

当榧子的假种皮由青绿色转为黄绿色，假种皮开裂，部分露出种子时采收（图4-2-1）。

（四）出籽率与发芽率

一般每100 kg香榧蒲可出种子45 kg左右，每千克榧蒲出种子400～450粒。催芽得当，当年的发芽率在95%以上，圆榧类种子稍低一点。

图4-2-1 成熟的种子

种蒲采回后，及时脱除假种皮。来不及剥的，需薄薄摊放在阴凉通风处（堆厚20 cm以下，防止发热腐烂），3天内剥完。将剥去假种皮后的种子清洗干净，置于阴凉处摊干表面水分后，选取成熟饱满的种子，采用湿沙贮藏催芽。如采用圆榧种子育苗，在种子剥出后最好在太阳下短时间暴晒一下（注意不能长时间晒，种子干了就不能发芽了），使种壳开裂（易发芽）后即进行湿沙催芽。

二、催芽

（一）层积池催芽

选向阳朝南泥地（室外比室内好，昼夜温差大，发芽势强，发芽率高），挖深20～30 cm，长、宽视种子数量而定的层积池

（池底最好一头稍高，一头稍低，利于排水）用于催芽。先铺上5 cm左右的河沙，然后用一层种子一层湿沙（用手捏沙能成团，手松开时沙团稍经触动即散）的相间层积法贮藏催芽。种子与沙的体积比为1∶3，种子最好是横放（利于播种），一般堆高不宜超过50 cm，上层沙可厚一些，需全部盖住种子。可用稻草等防止沙堆坍陷而种子外露，上盖薄膜保温、保湿。天气干燥时要经常洒水，保持沙子的湿润。

（二）圃地催芽

先将圃地平整，敲实表土，上放一层种子（单粒高），再用清水沙盖住种子，上再盖一层薄膜，这样发芽更整齐。

（三）大棚催芽

选择排水良好的圃地，先挖去深10 cm左右的表土层，挖成一个长方形的催芽土坑（大小按催芽需要），在土坑上撒上一层石灰进行土壤消毒。消毒后铺上2层遮阳网纱后，铺上厚约3 cm的种子，再在种子上覆2层遮阳网纱，在网纱上再覆5 cm左右原挖出的表土（需湿润）。然后在土坑上方搭高40～50 cm的圆形拱棚，拱棚需大于土坑，土坑上盖2层（层间隔空5 cm以上）塑料薄膜进行保温、保湿，并把坑边的薄膜用土压住。催芽土坑四周需开好排水沟，避免雨水进入土坑。

10月下旬至11月上旬应翻坑一次，并注意沙土的湿度。11月下旬开始陆续发芽至翌年2月，其间把胚根长0.5 cm以上的种子拣出进行冬季播种（图4-2-2），其余种子继续催芽，2月底到3月上旬进行春播，此时还不发芽的种

图4-2-2　发芽长根可播种的种子

子要到第二年再发芽了，可保湿贮藏在地下。

三、圃地砧木苗培育

（一）圃地选择

周边环境对香榧育苗很重要，应选择阴凉潮湿、地势平缓、排灌水良好、土层深厚、肥沃湿润的沙质壤土或中壤土，pH 值在 5.0 ～ 7.0 的地块作香榧育苗圃地。因水田有犁底层，育苗时苗木的主根不能扎深而退化，而侧根在耕作层里生长好，根系发达，有利于提高香榧造林成活率和快速生长，所以香榧苗木的根系在田里育苗比在山地育苗（山地土壤中没有耕作层，主根扎得深，侧根就不发达）要好，主产区榧农常选择海拔 200 ～ 600 m 的山区梯田培育香榧苗（图 4-2-3）。

图 4-2-3　田里培育的香榧苗根系

（二）整地

苗圃地要在秋季整地，东西向做高 40 cm 左右的苗床（有利于排水），床宽 1.2 m，床面要平整，施足基肥，步道（兼作排水沟）深浅要一致，用 5 kg/ 亩风化生石灰或托布津 800 倍液浇灌或硫酸亚铁进行土壤消毒，深翻越冬，具体方法为，细干土加入 2% ～ 3% 的硫酸亚铁制成药土，按 100 ～ 200 g/m² 撒入土中，或配成 2% ～ 3% 的溶液，用 9 kg/m² 溶液浇灌。

（三）播种

当种子胚根露出至胚根长 1 cm 以内即可播种，分批选发芽种子进行冬播或春播：采用纵向开沟条播播种，行距 30 ～ 40 cm，株距 8 ～ 10 cm，种子胚根根尖向下（图 4-2-4）

放在播种沟内，如根尖与种子处于同一直线则种子宜横放，每亩播种量为 50 ～ 60 kg，播后覆 2 cm 厚的细土。上盖稻草等物保湿和防止表土板结。

（四）管抚

4 月下旬至 5 月上旬幼苗陆续出土，幼苗呈紫红色（图 4-2-5），极脆嫩，幼根肉质呈黄白色，分布浅，揭去盖草后，要及时搭棚遮阳（图 4-2-6）。为有利于圃地的苗木管理和棚内通风，遮阳棚高 1.8 m 左右，棚上盖透光度为 60%

图 4-2-4 种子胚根根尖向下放
（斯海平供图）

左右的遮阳网，秋后撤除遮阳网，留着棚架，第二年的苗木在夏季至秋季仍需搭棚遮阳。

图 4-2-5 刚出土的
幼苗（斯海平供图）

图 4-2-6 搭棚遮阳

苗木出土后要及时松土、除草和施肥。第一年除草要用手拔，每月施1次液体肥料（头几次宜淡）。梅雨季节易发生根腐病，注意清沟排水。发现病株须拔除销毁，并在病株处松土后用1%的硫酸亚铁溶液喷洒，可防止病情蔓延。

当年生苗木高15～30 cm，地径0.3～0.4 cm，每亩产苗10 000～12 000株，一般留床再培养1年后进行嫁接。实生苗定植造林需3年生以上的苗木。

四、容器砧木苗培育

（一）圃地

选择平整的地块，按1.5 m宽做东西向的苗床，平整作为圃地；苗床边上挖深40 cm×宽40 cm的排水沟兼作业道，圃地四周需排水畅通。

（二）容器

不同苗龄选用相应规格的容器。一般培育"2+2"（即2年生的实生苗，嫁接后再培育2年的苗木）的嫁接苗，在播种时容器选用15 cm×15 cm的无纺布容器袋或塑料容器袋（图4-2-7）；培育"2+4"以上的嫁接苗，中间需在嫁接或嫁接后移植换盆时，选用30 cm×30 cm的容器，用于培育容器大苗。

图4-2-7　无纺布容器育苗

（三）基质

播种用的容器基质为黄心土、泥碳、珍珠岩、腐熟饼肥（或腐熟厩肥、腐殖质、有机肥）按4∶4∶1∶1的比例配制，将基质经充分拌匀后其整体要求手感松软，手松即散。每 50 kg 基质拌入 0.5 kg 硫酸亚铁进行基质土壤消毒。

（四）播种

在 1 月下旬至 3 月中旬播种，每容器中播种一粒发芽种子，如根尖与种子处于同一直线上则种子横放。

（五）管抚

苗木出土后即可搭棚遮阳（棚高 1.8 m，遮阳网的透光度在 60% 左右），秋后撤除遮阳网（留棚架，第二年的苗木在夏季仍要搭棚遮阳），保持盆土湿润。幼苗期进行根外追肥，肥料以液体肥为好，5—9 月，每月每钵施 0.3 g 三元复合肥，9—10 月，每月喷施 1 次 0.2% ～ 0.3% 磷酸二氢钾。

五、嫁接苗培育

（一）接穗采集

在 12 月至翌年 2 月，选生长健壮、结果性能好（结果枝比例在 25% 以上，单位冠幅面积种实产量 2 kg/m^2 以上，或干籽产量 1 kg/m^2 以上）的盛产期良种细榧为母树，从树冠外围的中上部，剪取粗壮有力、顶芽饱满的一年生侧枝（长 12 cm 以上、粗 0.4 cm 以上）作接穗，应同时采集 5% 左右的优良雄榧树的接穗，作造林时配置的授粉雄树苗用。接穗采后要保湿，可用湿毛巾或裹新鲜苔藓保湿，放于阴凉处，随采随接。长时间贮藏则采用湿沙露头埋藏于阴凉处，上盖苔藓保湿。

（二）嫁接时间

香榧苗木嫁接的时间，因不同的嫁接方法而不同，劈接和切接的时间一般为 1 月上旬至 3 月中旬；贴枝接的时间为春季 2 月初至 3 月中旬，秋季 7 月中旬至 10 月中旬。

（三）嫁接方法

砧木和接穗较粗壮（2 ～ 3 年生的砧木）时常采用劈接或切接法，砧木和接穗较小（1 ～ 2 年生的砧木）时可采用贴枝接。

1. 劈接法

当树液开始流动，而皮层尚难剥离时嫁接，接穗与砧木的粗度要大致一样，或接穗略小于砧木。接前略挖去苗木基部土壤，在离根颈高 5 cm 左右表皮光滑处截断，再在砧木横截面中央垂直下切一刀，深 2.5～3 cm；抹去接穗下端 2/3 的叶片，把接穗基部两侧相对各削一刀成楔形，斜面长 2.5～3 cm，与砧木下切长度相一致，用左手大拇指轻轻掰开砧木切口，插入接穗，接穗要对齐砧木一边的形成层，接穗削面上部微露白，然后用塑料薄膜带将砧木断面和接口严密绑扎，使接面不露白和进不去水（图 4-2-8），再用黄心土将嫁接后的苗木培成馒头状，覆没接穗 2/3，只露出接穗梢头。

图 4-2-8 劈接法嫁接

2. 贴枝接

接穗下部去叶后削去带木质部的皮层，削成 3～4 cm 的长削面，在背部反削一刀成短削面；选离根颈高 5～10 cm 砧木光滑部位，削成与接穗削面同样长、宽度稍大稍深的切口，可在下方留长 0.5～0.8 cm 削出的表皮，使接穗短削面插在留皮处，插上接穗时要求一边与砧木的形成层对齐，再用塑料薄膜绑扎（图 4-2-9）。

图 4-2-9 贴枝接

（四）接后管理

1. 搭棚遮阳

苗木嫁接后不管是圃地育苗还是容器育苗，都需搭盖遮阳网（图4-2-10），也可利用原有棚架。棚高1.8 m，上覆透光度60%左右的遮阳网。到9—10月高温过去，天气凉爽后拆去遮阳棚，拨开土壤，露出接口。

图 4-2-10　嫁接苗搭棚遮阳

2. 剪砧除萌

基部抽出的萌蘗需及时抹去。在嫁接当年的6—10月，每隔一段时间进行抹芽除萌，嫁接第二年6月、9月各除萌一次。

采用贴枝接的，需保留一段时间的砧木嫁接部位以上的部分：春季嫁接的保留砧木到翌年春天，当接穗新芽开始萌动时剪去砧木；秋季嫁接的在翌年春梢抽出一个月后剪去砧木（图4-2-11）。

3. 肥水管理

雨季要注意圃地排水。容器苗要特别注意水分管理，不能积水，又不能太干，保持盆土湿润。浇水应遵循"不干不浇，浇则浇透"的原则。

嫁接苗施肥与砧木苗培育时相仿，也以复合肥和液体肥为主，可根据苗木生长情况掌

图 4-2-11　贴枝接剪去砧木

握施肥时间和施肥量。

4. 支竿扶苗

接穗抽出的新梢幼嫩，如过长倒伏时需用小竹竿或木棒逐株支撑扶正，当年抽 2 ～ 3 次梢的，也应立支撑物扶枝使其挺立。

培育 2 年后，嫁接苗高 50 cm 以上，可出圃造林。同时，根据苗木生长情况及时更换容器。

六、大苗培育

香榧嫁接小苗种植生长慢、见效迟，所以现在大多数农户采用香榧嫁接大苗种植（图 4-2-12），即将嫁接苗留圃集约培育管理 4 年以上再带土球移栽，成活率高，加快了生长与结实的进度。

在圃地培育大苗期间，可对苗木进行整形修剪，培养成有 3 ～ 4 个骨干枝和矮化的开心形树形，使栽后能更快地投产。

图 4-2-12　香榧大苗

第三节　立地选择

香榧适宜年降水量 1 200 ～ 1 700 mm，年平均温度 14 ～ 18℃，温和湿润，四季分明，夏季昼热夜凉，具有典型的微地貌山区小气候特征的亚热带气候的中低山区。

一、海拔

香榧生长、结果的适宜海拔为 200 ～ 800 m。

二、坡向、坡位

香榧适宜稍有坡度的山地种植（图 4-3-1）。一般海拔在 500 m 以下的，应选通风良好的半阳坡、阴坡和山湾种植，特别是海拔 200 m 以下需要种植香榧的，选地更要注意高温、干旱和强日照对香榧生长、结果的影响，要做好应对措施；海拔 500 m 以上的，应选阳坡、半阳坡和避风的山谷种植香榧。

图 4-3-1　立地条件较好的平缓坡地

三、土壤质地

适宜香榧生长、结果的土壤为：土层深厚（60 cm 以上）、肥沃、疏松、有机质含量高的沙质壤土、壤土，微酸性至中性土壤（土壤 pH 值为 5.0 ～ 7.5）的林地。种香榧最好的土壤为火山土和香灰土，其有机质和钾、镁、钙、铁、硅等微量元素含量高，香榧生长快，结果早，品质好。而疏松、肥沃的黄泥土上种植的香榧则肉质细腻，甜度好。

同时，要检测土壤的重金属，要注意林地土壤中镉、铜、铅、砷、汞、铬等重金属的含量不能超标。

四、排灌水方便

香榧的生长、结果需要深厚、肥沃和疏松通气的土壤，排水一定要好。最好有充足的水源，在天气干旱时能浇灌抗旱。土壤黏重、排水通气性差的地方不宜种植香榧。

五、生态环境好

生态环境与香榧的生长、结果和产量、质量关系很大。生态环境良好，香榧的生长、结果好，产量高，质量也好；反之，香榧的生长、结果、产量和质量也都差。所以，应选择适宜于香榧生长、结果的生态环境下的林地种植香榧。

第四节　香榧种植

一、整地挖穴

香榧种植前应先整地、挖穴，并施好基肥后待种。

（一）整地

于秋冬季进行整地，按不同的立地条件，进行块状或水平带整地。除平缓林地外，一般不宜进行全垦整地，坡度20°以上的山地需开水平带（有条件的可砌坎成水平带）整地，坡度25°以上的宜块状整地，也可挖鱼鳞坑种植。

（二）挖穴

按密度大小确定的点进行定点挖穴，种植穴宜大宜深，有利于种后香榧苗的成活和生长、结果。大苗种植穴径80 cm，深60 cm；小苗种植穴径60 cm，深50 cm。穴内施基肥后需覆土至穴面（土会沉下去），即深挖浅种。

（三）施基肥

穴内施足基肥，上覆土后冬栽或春栽。基肥为每穴施10～20 kg腐熟农家肥，或腐熟菜饼或商品有机肥1～2 kg，基肥与土拌匀后施入，要避免种植时苗木根系与基肥直接接触。

二、合理密植

根据土壤肥瘠、苗木大小、经营目标和经营水平等来确定香榧的种植密度。一般是土壤平缓肥沃的地方种的密度小一点，坡度稍大或土壤瘠薄的密度大一点；苗木小的密度大一点，大苗种植的密度小一点；集约经营的密度大一点，一般经营的密度小一点。通常2年生的小苗亩栽40～60株，5年生以上的大苗亩栽20～30株。

三、冬季种植

（一）苗木选择

1. 壮苗造林

选用良种壮苗进行造林（图4-4-1）。一般香榧造林采用苗木规格为"2+2"的嫁接苗，以根系完整、无病虫害、苗高40 cm以上、嫁接部位直径0.8 cm以上的壮苗带土移栽造林为好。最好选择2年生以上的营养袋（钵）的容器苗造林或4～5年生及以上的嫁接大苗造林，种后成活率高，生长快。也可用2～3年生的实生壮苗造林，成活后2～3年再嫁接。实生苗规格：高60 cm以上、根径0.8 cm以上。

图4-4-1　壮苗造林

2. 配植雄树

因香榧雌雄异株，在周围无雄榧树的地方造林应配植3%～5%的优良雄榧树苗，来自花期相遇、花期长、花蕾较大、单枝花蕾数多，花枝比例高，年度间变化小，花粉量大，且花粉质量好的优良雄株繁育的授粉雄树苗，配植于来风方向的山脊、山坡等临风处，确保基地都能授上花粉。最好能配植已会开花的较大雄榧树。

（二）种植

1.种植时间

选择冬春季无严重霜冻的天气种植。香榧苗木在运输和种植的过程中，需低温保湿。

2.去掉薄膜

种植时如果苗木上有嫁接时的薄膜一定要去掉，小苗种时嫁接部位露出地面，上覆馒头状松土，盖住嫁接部位，以防损伤和高温灼伤。

3.浅种高覆土

香榧种植，一定要浅种高覆土。即种植穴要挖得深、挖得大，但苗木要种得浅。特别是挖大穴造林的，穴底的土一定要填实，填土的高度要考虑到香榧苗种后如土不实会下沉，会使香榧苗种得过深，影响香榧生长。所以，苗木种植的深度以稍深于香榧苗在苗圃地时的原土痕为好，覆土以表土和肥土为好。

香榧种植要做到根舒、苗正，种得实。土要分层踏实，根土密接不留空隙，即在第一层覆土盖住根系后，苗木向上轻轻一提，然后从外层向里轻轻踏实，再一层层覆土，一层层踏实至地面平，上再覆馒头状松土。

第五章

山地香榧林地的宜机化栽培

香榧多种在山区的山坡上，由于立地条件复杂、道路建设不完善，给栽培管理和肥料、农药等生产资料及香榧的采摘运输带来不便，所以香榧基地机械化生产是今后发展的方向。

现在比较大的香榧基地一般主干道路都是建设好的，有的还建了单轨运输机，但其他山地机械就不一定能用了。要通过山地香榧林地的宜机化建设，使香榧林地能使用较多的山地机械，初步实现香榧基地的机械化作业。

简单地说，香榧基地的宜机化建设，就是新建基地是"以地适机"，老基地要"以机适地"和"以机适地与以地适机"两者结合。近年来，丽水的松阳等地在山地香榧林地的宜机化栽培方面做了不少尝试，也取得了一些经验。

第一节　新造香榧林的宜机化建设

为使香榧基地实现机械化操作，对开始新建的香榧基地要按宜机化的要求，在造林前进行宜机化规划，并按规划进行建设。

一、林地的选择与规划

（一）林地选择

理想的香榧宜机化基地的基本条件是，交通方便（至基地的路能通车），基地的地势平缓（坡度5°~15°）、土壤深厚（60 cm以上）疏松、无大的石块、方便小型机械操作，排灌水方便（有充足的水源），有电力资源可利用（图5-1-1）。

图 5-1-1　在建中的宜机化基地（肖庆来供图）

理想的香榧宜机化基地可能不多，因此，应尽量选择坡度不大（20°以下），土壤深厚、肥沃疏松、无大的石块，排灌水方便，且有充足的水源和有电力可利用的山地种植香榧，方便机械化操作。如在坡度20°以上的地块种植香榧要尽量按宜机化方向进行规划和建设，并选择适宜的使用机械。

（二）林地规划

1. 划分地块

为便于管理和机械化操作，要根据实际将基地划分为若干个经营的地块。要按其地形、道路及其他设施划分，每个地块的面积以15~30亩为宜，山顶保留原来植被，营造防护林。

2. 道路规划

要根据机械化生产管理的需要和地形实际来合理规划基地道

路。同时，基地道路的规划也要与香榧种植的密度相关联，尽量利用香榧之间的间距来规划道路。

（1）主路。各地块之间可通车的为主路，宽度在 3.5 m 以上，路里侧建好排水沟；

（2）支路。地块中间为若干条支路，宽度 1.5 ～ 2.5 m，需连接到主路和操作道（坡度较大挖水平带的需与水平带相互联通）。

（3）作业道。作业道为小型机械通行和进行基地管理的通道，宽度 80 ～ 100 cm，路面宜外高内低，硬化后向内倾斜利于集水，可以把排水沟与蓄水池相连通（图 5-1-2）。

图 5-1-2　作业道兼排水沟
（肖庆来供图）

3. 电力规划

根据林地生产（如喷、滴灌，山地轨道车，香榧加工等）和生活需要，合理配置电力设施，并保证用电质量与安全。

4. 灌溉规划

根据基地香榧的种植规划，在易集水处合理设置蓄水池和铺设喷、滴灌管道。

5. 管理房规划

选择基地适宜地点建设生产管理用房（包括基地管理所需用房及存放作业机械和设备的机库）。

二、林地整理

林地按规划进行地块划分和道路、管理房等各项建设，并进行林地清理、整地等工作。

（一）水平带

如林地较平缓，则直接在划分（规划）好的地块上深翻林地和根据种植密度定点挖穴即可。

如林地坡度在 20° 以上，需挖水平带种植。水平带的宽度为 2.5 ～ 3.5 m（包括在挖好的水平带里侧下挖一条深度 30 ～ 40 cm、宽度 80 ～ 100 cm 同时兼作排水沟的作业道）。坡度大于 25° 的林地在 2 个水平带中间保留 1 m 宽以上的斜坡。水平带外高内低，利于集水。香榧种在水平带外侧（图 5-1-3）。

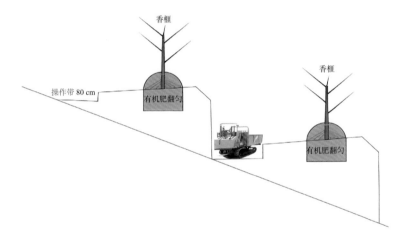

图 5-1-3　作业道（操作带）和种植带堆高处（肖庆来供图）

（二）排水沟

结合作业道建设挖好排水沟，有水平带的则在水平带里侧采用小型挖掘机，下挖作业道兼排水沟，挖出的泥土堆到外侧种植香榧（图 5-1-4）。

图 5-1-4　刚建好的宜机化基地（肖庆来供图）

（三）堆高香榧种植区

有水平带的，在水平带或作业道外侧间隔 5 ～ 6 m（间隔距离按种植密度而定）堆放在里侧挖出的泥土，形成高 30 ～ 40 cm、直径 80 ～ 90 cm 的半圆形土堆，在土堆中挖种植穴，结合底肥施用，将有机肥翻耕拌匀压实，沉降后待植。

（四）挖种植穴

大苗种植穴直径 80 cm，深 60 cm；小苗种植穴直径 60 cm，深 50 cm。

三、种植

（一）种植时间

选择冬春季无严重霜冻的天气种植。

（二）优质苗木造林

选用优质香榧苗木种植，带土移栽。宜种植容器苗和嫁接 4 年以上的香榧大苗。

（三）浅种高覆土

挖大穴造林的，穴底的土一定要填实，免使香榧苗种得过深。深度以稍深于榧苗原土痕为好。做到根舒、苗正、种得实，根土密接不留空隙，上再覆馒头状松土。

四、抚育管理及采收运输的适宜机械

基地采用的机械要根据基地的实际需要和经济状况等综合因素来考虑，可供选择的机械大致有如下几类：

（一）抚育机械

可采用小型挖掘机松土、施肥，用微耕机、旋耕机、割灌除草机、碎草还田机械等进行翻土和除草。

（二）整形修剪机械

适用的机械有电动修枝剪、电动高枝剪、电动手锯等。

（三）病虫害防控机械

适用病虫害防治和人工辅助授粉的机械有植保无人机、高压喷雾打药机等。

（四）喷、滴灌机械

适用的机械有喷灌设备、滴灌设备、微喷设备、过滤器、水肥一体机等。

（五）物资运输机械

道路运输可选用适宜的中小型车辆来运输生产资料和香榧果等物资；在水平带内的操作道选用微型运输车、履带运输车等机械设备。

对于坡度较大的林地一般选用单轨运输系统进行轨道运输（图 5-1-5）。

图 5-1-5　单轨运输车（肖庆来供图）

第二节　老香榧基地的宜机化改造

老香榧基地不是全都适宜进行宜机化改造的，但总有几种机械是可以用的，要根据林地的实际来进行宜机化规划和改造。

一、基地道路

根据基地实际来规划和修建主干道、支路和作业道，以方便基地的管理（图 5-2-1）。

图 5-2-1 作业道兼排水沟（肖庆来供图）

二、运输机械

根据基地的道路状况来配置运输机械。对于坡度较大不能用车辆运输的林地，可采用单轨运输系统进行轨道运输。

三、抚育管理机械

根据林地土壤的实际，选用适用的微耕机、旋耕机、割灌除草机等机械来进行深翻、松土、除草、施肥等抚育管理工作。

四、病虫害防控机械

适用病虫害防治和人工辅助授粉的机械有植保无人机、高压喷雾打药机等。

第六章

香榧抚育管理

第一节　幼林管抚

一、当年管抚

香榧种植后需做好遮阳、松土、除草等工作，以耕代抚最好。当年施肥一般在秋后，可施少量复合肥。

当年的管抚重点是把香榧种活，主要是做好抗旱保苗工作。香榧树虽然喜欢充足的光照，但在种后 2～3 年的幼苗期都需遮阳（图 6-1-1），在 5 月就要搭好笼子式遮阳网（在榧树苗周围插较高的竹片围成竹圈，如是小苗，竹圈应高于树苗，之间留

图 6-1-1　遮阳网

有适当的空间，上盖遮阳网），
既遮阳又可免遭野兔咬食树苗
（图6-1-2）。同时，在夏季高
温来临前，还可以通过施放保
湿剂、盖草、盖薄地毯（5—9
月）等降温保湿措施，使小榧
树安全过夏。

图 6-1-2　防野兔的遮阳网

二、套种

林地可合理套种农作物、
药材（图6-1-3）等，以耕代
抚。如准备套种农作物的，作
畦时应把香榧树苗作在畦中间，
套种的农作物须离树苗 50 cm
以上，不能损伤树苗及根系。
在山湾及易积水的地方要开好
深 30 cm 以上的排水沟。

图 6-1-3　林地套种农作物

三、除草和施肥

（一）松土和除草

小树苗需要人工除草，做到除早、除小、除了。6—9 月的
高温天气切不可在榧树苗基部边上削草、拔草，如这时草很长很
大了，可用刀割草，千万不能因除草而损害香榧的根系，更不能
用草甘膦等除草剂来进行除草。

（二）幼树施肥

1. 施肥方式

幼树肥料要开沟或挖穴深施，在离树苗 30 cm 以外的地方深
施，根与肥不直接接触（特别是化肥），要薄施多次，且高温天
气不要施化肥，易伤苗。

2. 施肥量

施肥量要根据树苗大小、生长情况而定，逐年增加施肥量。一般年施肥 2 ～ 3 次。第一次在 3 月中下旬，新梢抽发前的半个月每亩施以氮肥为主的复合肥 10 ～ 20 kg，使抽出的新梢粗壮有力；第二次在 8 月下旬施以磷钾肥为主的复合肥 20 ～ 30 kg，使枝梢上的芽发育粗壮；第三次是冬季施有机肥作基肥，亩施商品有机肥 50 ～ 60 kg，或腐熟的鸡、鸭粪肥 200 kg，也可施腐熟的土杂肥 300 ～ 500 kg。

第二节　成林管抚

一、松土、除草与施肥

（一）松土

香榧林地一般年松土 2 ～ 3 次，即 3—5 月的春削，7—8 月香榧采摘前进行林地清理时把林地浅翻一次，深度 15 cm 左右，以利降温、保湿和采摘。

此外，在冬季的 12 月至翌年 2 月，结合施基肥，把榧树周围的土壤深翻 30 cm 左右，有利于香榧根系生长，减少病虫为害。

（二）除草

香榧林地套种农作物的在抚育中除草（图 6-2-1、图 6-2-2）。

图 6-2-1　林地锄草抚育　　　　图 6-2-2　套种农作物以耕代抚

纯林的除草时间主要在 3—8 月，一般除草 2 ～ 3 次。特别是在香榧采摘前的 7—8 月一般都要进行割取杂草等清理林地的工作，以方便采收。

应采取人工除草或机械除草。不宜用草甘膦、百草枯等灭活性的除草剂来除草，以免损伤榧树，影响其生长、结果和破坏生态环境。

（三）施肥

可用于香榧的肥料有很多种，大致有化肥、有机肥、菌肥和生物肥料等。从形态分有固体肥料和水溶性肥料等。其肥力、成分和用途都各不相同，要根据各自的实际使用。

1. 肥料种类

（1）化肥。有尿素、碳铵、磷肥、钾肥等单一元素的化肥，和氮磷钾等多种肥料成分及不同比例的复合肥。

（2）有机肥。有饼肥、畜禽粪便及其栏肥、人粪尿、焦泥灰、腐殖质、矿物质肥等自然有机肥和商品有机肥。

有机肥是香榧施肥的主要肥料，但要注意的是，羊粪、鸟粪、猪粪等畜禽粪肥一定要彻底发酵后再施用。因畜禽类农家肥中含有大肠杆菌、线虫等，以及大量的氯化钠，而且是强酸性肥料（pH 值为 3.6 ～ 4.7），如果未经充分发酵或腐熟而直接施用到香榧等果树、作物上，存在很大的害处。如：传染病虫害、发酵时烧根烧苗、酸化土壤、重金属和氯化钠超标及肥效缓慢等。所以在使用之前一定要做好充分的发酵腐熟工作。

（3）生物肥料。生物肥料主要为各种菌肥和复合型微生物肥料。生物肥料种类繁多，对土壤和植物的作用也不同，有的生物肥料除提供肥力外，还具有修复改良土壤、提高产量、提早成熟、改善品质的作用（见附录 2）。

（4）水溶性肥料。水溶性肥料是一种可迅速溶于水、更容易被作物吸收利用的多元复合肥料，可用于喷、滴灌等设施农业，实现水肥一体化，达到省水、省肥、省工的效能。

这里只介绍常规肥料在香榧栽培中的使用。

2. 施肥次数

已进入结果、盛产期的香榧树一般每年施肥 3 次，以有机肥为主，可适施化肥（复合肥），其中有机肥的使用量应占全年施肥量的 70% ～ 80%。特别要注意氮肥不要施得过多。结合"秋挖春削"时进行施肥，肥料用量应根据树体的生长情况确定。以每平方米树冠投影面积计，3—5 月施以磷、钾为主的复合肥 0.1 kg/m^2，主要是促进香榧的抽梢开花和果实膨大；9 月下旬至 10 月香榧采收后，施三元复合肥 0.15 kg/m^2，以加快恢复树势；冬季深施一次 10 ～ 15 kg/m^2 的腐熟栏肥，或 1 ～ 2 kg/m^2 腐熟饼肥等有机肥，作为香榧第二年生长结果需要的基肥，使香榧树贮备营养，促进花芽分化。如在 6—7 月，发现香榧树势生长不旺，可叶面喷施磷酸二氢钾等叶面肥 1 ～ 2 次。

3. 施肥方法

香榧树的施肥方法，采取挖穴或开沟深施、根肥分离（图 6-2-3）。根据林地的具体条件，采用在树冠外围开环状深沟、放射状沟，或穴施，深度在 25 cm 左右，施后覆土。如坡度较大，可在上半山开半圆形沟施肥。开沟时尽量不要伤根，并先将表土和枯枝落叶等有机物质放在底层，把新土换到上层。

图 6-2-3　挖穴或开沟深施肥料

有条件的基地也可采用管道来喷灌、浇灌施液体肥。

近几年，根据林业科技人员在诸暨香榧主产区的4个村8户人家的香榧林地土壤调查发现，有不少香榧树施肥过量（表6-2-1），特别是磷、钾肥超标很多。既费钱，又给香榧的生长、结果带来负面影响，还影响生态环境。

表6-2-1　香榧基地土壤肥力检测结果

分项	有机质（%）	等级	全氮（%）	等级	有效氮（mg/kg）	等级	有效磷（mg/kg）	等级	速效钾（mg/kg）	等级	超标项
标准	>4	1	>0.2	1	>150	1	>40	1	>200	1	
户1	4.60	1	0.22	1	210	1	218	1	218	1	磷
户2	3.31	2	0.17	2	179	1	143	1	327	1	磷、钾
户3	4.36	1	0.24	1	237	1	225	1	392	1	磷、钾
户4	3.56	2	0.18	2	190	1	164	1	321	1	磷、钾
户5	3.22	2	0.16	2	210	1	55	1	299	1	钾
户6	2.06	3	0.11	3	150	1	119	1	457	1	磷、钾
户7	4.09	1	0.20	1	239	1	98	1	593	1	钾
户8	4.36	1	0.16	1	204	1	117	1	289	1	磷、钾

二、人工授粉

香榧雌雄异株，有的榧林雄树不足或生长较差，使香榧树授粉不足而影响结果。这就需要通过种植或嫁接雄榧树，增加林地上的雄花资源，达到满足自然授粉的所需雄树数量。也可在适宜的香榧树冠上部的粗壮树枝上嫁接2～3个雌雄花期相遇的雄花枝条（接穗），同时需适当修剪掉嫁接部位以下的部分枝条，使嫁接上去的雄花枝能旺盛生长，2～3年后能开花授粉，解决榧树自身授粉的需要。同时要加强对雄榧树的松土、除草、施肥等日常抚育管理，做好雄树的保护工作，使其生长旺盛，多开雄花。

此外，解决雄花不足或恶劣天气（花期内长期阴雨或大风天气）影响授粉的方法是进行人工辅助授粉。

（一）雄花粉的收集

1. 收集花粉的雄树类型

雄榧树中早花类型的雄花在 3 月底至 4 月初开放，比雌花开花早 7 ～ 10 天，适合作为进行人工授粉的雄花资源（图 6-2-4）。要选择花粉质量好的雄榧树花粉作为人工辅助授粉之用。

图 6-2-4　开花早、花粉质量好的雄花资源

2. 花粉的收集方法

榧树雄花为球花，在雄花蕾色泽由绿转黄，花蕾雄蕊之间微微开裂，用手指轻轻一弹，即有少量花粉散出时，表示雄花已成熟，即将开放，可剪取带花蕾小枝（图 6-2-5），放在室内白纸或干净的报纸上，让其自然撒粉。经 3 ～ 4 天花粉全部撒尽，除去

图 6-2-5　在雄花将开又未开时剪取雄花小枝收集花粉

杂质，将花粉收集好。如不到授粉时间，则应放在干燥器皿中，置于阴凉干燥处，切忌长时间放在塑料袋内，花粉会因水分散发不掉而发热结块而霉变，从而失去活力。

（二）适时授粉

香榧雌花一般在4月中旬开放（海拔低的地方会在4月上旬开放）。在雌花顶端出现水珠状的传粉滴时，即是雌花开放，从露出传粉滴（图6-2-6）后的第二天起的5～7天为香榧的最适授粉期。

图 6-2-6　出现很明显的传粉滴时授粉

（三）授粉方法

在授粉期内，选择晴天露水干后，10：00—16：00时段，气温在18℃以上的时候用撒粉法或喷雾法授粉。

1. 人工授粉

（1）喷雾法。按1 g花粉加水500～750 g的比例配制授粉，使用干净的喷雾器喷雾授粉，要现配现用，否则花粉吸水后易膨胀、破裂，失去作用。喷雾授粉要均匀地喷在已开花上（看上去有传粉滴的雌花上）。

（2）撒粉法。将花粉放入一个自制的授粉器内，授粉器由用带一竹节的毛竹筒或大小适宜的塑料管等器具，绑在一根长竹竿上制成，竹筒口包扎上 5 ～ 7 层洁净的纱布，纱布的层数以摇动后有少量花粉撒出为宜。选择晴天露水干后无风或微风时，在需要授粉的香榧树边上（授粉器的位置在香榧树的上方为好）摇动竹竿上的授粉器（图 6-2-7、图 6-2-8），直接将花粉撒在雌花传粉滴上即可。但切忌授粉过多而造成人为的大小年。

图 6-2-7 撒粉法人工授粉

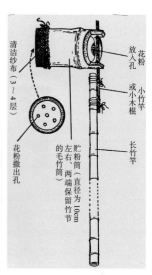
图 6-2-8 早期的竹制授粉器

2. 无人机授粉

对于面积较大且集中的香榧基地，可采用无人机为香榧授粉。无人机授粉可采用喷粉的方式为香榧授粉，也可以采用花粉加水配制成花粉液（现配现用）喷雾的方式为香榧授粉。用无人机授粉省时、省力。而且无人机是从上空往下授粉，如方法适当，比人工喷洒的方式授粉更均匀，授粉效果更好。

（1）喷雾法授粉。当前大多数地方采用喷雾花粉液的方式为香榧授粉，一台无人机一天可为 300 ～ 500 亩香榧基地完成授粉。无人机喷雾授粉（图 6-2-9）一般采用的花粉与水的配制

比例为 1：（300～500），即用
1 g 花粉配 300～500 g 水的比
例配制花粉液（现配现用）。

（2）喷粉法授粉。采用
喷粉的方式为香榧授粉，每
亩香榧的花粉用量一般为
20～30 g（因花粉数量少较难
均匀喷洒，一般在花粉中掺入

图 6-2-9　无人机喷雾授粉

一定数量的干燥松花粉作填充剂，需充分拌匀）。

（3）无人机授粉注意事项。

① 授粉时间要选择晴天的 10：00—16：00，气温 18℃以上
（保证香榧在开花时间），无风的天气。微风时要注意风向，有较
明显的风时则不宜进行授粉。

② 花粉与水的配比很重要，花粉液的浓度要控制好，不能
太稀。喷粉法也要有一定的花粉量，能均匀喷到每棵树上的大多
数花枝上。

③ 授粉的飞行线路要事先规划好。同时，飞行高度和飞行
速度会影响授粉的效果。授粉时无人机不能飞得太高（一般在香
榧树上方 5～8 m），飞行速度也不能太快，要确保花粉液能比
较均匀地喷洒在香榧树上，雌花都能授上粉。

三、保花保果

香榧从开花、结果到成熟要历时 18 个月，其间因花粉质量、
授粉不足、天气异常、管理不善和病虫为害等影响，会产生不同
程度的落花、落果。

（一）落花

落花是指在授粉后的 5—6 月，雌花逐渐发黄脱落。落花严
重的会几乎落光，属于不正常落花。

落花的原因主要有：花粉质量不好，没有真正受精而落花；

图 6-2-10　雌花因未受精而
发黄脱落

或授粉不足，授不上花粉而落花；或花期连绵低温阴雨，影响花粉传粉和传粉滴接受花粉，都会使雌花授粉失败而落花（图 6-2-10）。

（二）落果

落果是指香榧的幼果异常落果。即香榧雌花受精后，在第二年的 5—6 月开始膨大时脱落，甚至在膨大后继续落果，严重时香榧幼果的落果率达到幼果总数的 80%～90%，到香榧可以采收时会几乎落光，所剩无几。香榧幼果结得多，产生少量的落果是正常的，但大量的落果就属于异常了。经笔者多年对异常落果的观察和研究，其落果的原因主要为病理落果和生理落果。

1. 病理落果

香榧的病理落果，主要是以香榧细菌性褐腐病对香榧叶片和果实的侵害而引起的落果（图 6-2-11）。

2. 生理落果

产生香榧生理落果的主要因素，一是阴雨天气过多导致光合作用不足和根系缺氧，即不良天气而引起的落果；二是对榧树的管理不善，营养不良或营养过剩等因素，香榧树的营养失调，使香榧果枝的离层薄壁细胞生长不良，产生离层从而引起香榧的落果。

图 6-2-11　由香榧细菌性褐腐病
引起的落果

（三）保花、保果的措施

1.加强管抚，增强树势

主要是要加强对林地和树势的管理。林地要经常松土，开好排水沟，保持林地土壤疏松，通气性好。要加强肥培管理，对生长势差的榧树要增施肥料，增强树势；对生长过旺的榧树不要施氮肥，要减少施肥量，根据树势施一定数量的磷、钾肥；同时对榧树进行整枝修剪，修剪掉过密、细弱的枝条，使榧树中间空旷，保持树体的通风透光，香榧能正常生长和开花结果。

2.喷施"爱多收"保花、保果

（1）爱多收的药理作用。对一些开花授粉都好，却落花落果严重而结果少的低产香榧树，除加强对榧树的管理外，可采用喷施植物生长调节剂"爱多收"的方法，进行保花、保果来提高产量。1.8%的"爱多收"的主要成分为复硝酚钠，它是一种强力细胞复活剂，广泛适用于经济作物、瓜果、蔬菜、果树、油料作物等。植物喷施"爱多收"后，药液能很快渗透至植物细胞内，快速促进细胞原生质流动，提高细胞活力，加速植株生长，提高叶片光合作用能力，提高作物的抗逆能力，达到加快生长速度，打破休眠，促进生长发育，防止和减少落花、落果，改善产品品质，提高产量，提高作物的抗病、抗虫、抗旱、抗涝、抗寒等抗逆能力（图6-2-12）。

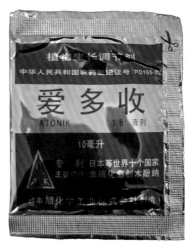

图6-2-12　植物生长调节剂

笔者于1996—1998年在诸暨市赵家镇的杜家坑、钟家岭、里宣、外宣等村的试验和推广，在香榧树喷施"爱多收"后，强有力地促进了生长发育，特别是有效地提高了香榧树体抗病和抗涝等抗逆能力，有效地减少了香榧的落花、落果，从而提高了香榧产量，保花、保果效果特好。

（2）爱多收使用方法。1.8%"爱多收"为袋装水剂，可采用3 000倍浓度的药液喷雾，即每袋药剂（10 mL）可兑清水30 kg，以枝、叶、果喷湿为度。一年喷2次：第一次在开花前或花期的4月上中旬，第二次在落果前的5月上中旬。喷施的浓度切忌过浓，要避开雨天和高温天气的中午，如果喷施后遇下雨应补喷。

第三节　整形修剪

香榧种活后，在好的立地条件和管抚措施下，生长还是很快的，15～20年生的香榧树可高达5 m以上。因树太高，给香榧的授粉和采摘等带来不便，而且香榧嫁接后长出来的新梢一般都偏冠，造林生长2～3年后，有的只有1个生长较强的主枝，或主枝虽有好几个，但生长势相差悬殊，如不及时进行整形修剪，呈现树冠小，结果枝少，树形差，生长和产量都不会好。而丰产树形则需要培养生长均匀的主侧枝，使其树冠丰满，形成多个能结果的侧枝群，且要使树中间空阔，枝叶能得到充分的阳光照射。因此，我们需要从幼林期开始整枝修剪，使香榧的树形矮化和丰产。

根据香榧树的生长、结果特点，香榧的早实丰产树形一般为"自然开心形"，也可以根据香榧树的实际，整成"主干分层形"。因香榧嫁接后偏冠生长，每株香榧的生长情况是不一样的，适宜的树形要根据该树的实际确定。

一、自然开心形

（一）树形特点

自然开心形的树形（图6-3-1），即树冠中间开心（空膛，中间没有树枝或少有枝条），树枝向外生长，整个树冠通风透光（光线能从树顶照到树基），光合作用好，结果就多。同时，树中间没有直立枝，树冠相对矮化，结果枝增多，有利于授粉和方便采摘，也便于病虫害防治等日常管理。有3～5个比较均匀或高低不一

图 6-3-1　小树的自然开心形

主枝的香榧树，适宜培养为"自然开心形"树形。

（二）整形方法

当小榧树长到 1 m 以上时，就要注意树冠的整形。通过抹芽、摘心、整枝修剪等措施，培养高度基本一致、分枝均匀、开心形状的 3～5 个生长旺盛的骨干枝。可将其中生长特别强的主枝截枝或抹去中间顶芽，抑制其顶端生长，加快其他主枝的生长和培养，剪除其余的细弱枝，使该树的主枝均衡生长，形成开心、树冠矮化的树形。

也可以通过拉枝与修剪相结合的方法，把香榧树整成开心形树形。总的原则就是树冠矮化中间空，枝条低垂结果多。

1. 抹芽

冬季至翌年 3 月抽芽前。抹去妨碍形成自然开心形树形的中间芽或侧芽，减少因抽发不需要的枝梢而消耗养分，使留下的芽抽出的梢更有力。

2. 摘心

摘心是指摘去妨碍形成自然开心形树形的新梢，摘去其中间的延长枝梢和过多的侧枝梢，留下树形需要的枝梢，时间是在新梢抽出后至新梢木质化前；至 5 月中下旬、6 月时，新梢已开始木质化，这时已不能摘心，而是用枝剪剪去树形不需要的枝梢，因一般是去掉中间的延长枝，所以也叫打顶。

3. 整枝

整枝修剪是培养开心形树形的主要措施（图 6-3-2、图 6-3-3）。修剪枝梢的时间一般在 1—2 月进行，此时，枝叶的主要营养已回流至树身、根系，这时修剪可减少营养损耗。

图 6-3-2　浙江农林大学戴文圣教授现场教学

图 6-3-3　整枝 5 年后的开心形香榧树

4. 拉枝

图 6-3-4　拉枝（浙江农林大学供图）

小树和进入初产期的香榧树，如有 3 个以上主枝且都往上直立生长的，或生长角度不均匀的，都可以采取拉枝的方式，增大分枝角度，使其主枝的梢头向下，形成开心形树形（图 6-3-4）。

（1）拉枝适宜的枝条长度为 1 ～ 2.5 m，枝条直径 2 ～ 4 cm，太小不宜拉枝，太粗不易拉枝。

（2）拉枝的工具最好使用柔软的草绳、宽布条、宽塑料条和木桩等，如用铁丝、细绳等物，应在枝条上垫麻片、布条等以免造成枝条缢伤。也可用拉枝绳、布、钩、开角定型器等拉枝专用工具。要注意拉枝时不要损伤香榧树枝。

（3）拉枝时先观察好拉枝的角度和打木桩的地点，打好木桩，将绳子固定在木桩上，然后用手下压枝条中部，把枝条的角度拉开至要求的范围，最后将绳子一端（打活结）固定在枝条中上部合适位置，要使梢头向下。

（4）拉枝的时间在春季和秋、冬季都可以，但不宜在生长季（4—8月）进行拉枝。

二、主干分层形

香榧嫁接后长出来的新梢一般都偏冠，如果只有1个生长较强的主枝，且比较直立，或是大树高枝多穗嫁接的，则可培养成有主干的"主干分层形"，也叫"疏散分层形"树形。

（一）树形特征

主干分层形树形的特点是：有主干，主枝分层，层间距离适宜（不能太小），结果枝群有充足的空间和光照。

具体树形要根据实际来培养，该树形的大致标准是：总体树高5 m左右，枝下主干高50～60 cm，树冠一般分为3层，第一层均匀选留3～5个主枝，每个主枝选留3个侧枝，层内主枝相距20～30 cm，侧枝间距40～50 cm；第二层主枝距离第一层60～70 cm，一般培养3个主枝，每个主枝选留2～3个侧枝，主枝间垂直距离20～30 cm，侧枝间距30～40 cm；第三层主枝距离第二层50～60 cm，一般培养1～2个主枝，主枝上配1个侧枝，也可在主枝上直接着生结果枝。

（二）整形方法

1. 嫁接树苗的整形

香榧嫁接苗栽植的，如树苗只有1个生长较强的主枝，但偏冠，可以将其培养成主干分层形树形。方法是在树旁插1个小竹竿或小木桩，将该主枝绑直，剪去其他的细弱小枝，使其慢慢直立生长，成为有直立主干的香榧树。形成主干后，要分层并均匀培养主枝、侧枝和结果枝群，使其树冠丰满。

2. 高枝嫁接树的整形

采用大树高枝多穗嫁接苗造林，或实生大苗造林后高枝多穗嫁接的香榧树，在嫁接时就可按主干分层形的树冠分层要求进行嫁接，再逐年按主干分层形树形培养（图6-3-5）。同时，因嫁接后新梢生长旺盛，需对较长新梢进行扶枝，否则在嫁接处易折断（图6-3-6）。

图 6-3-5　高枝嫁接的分层树形　　　　图 6-3-6　嫁接处易折断

3. 分层树形培养原则

主干分层形树形的培养，除要不断控制层间枝条的疏密度外，还需逐年控制树的顶端高生长，便于采摘和日常管理，直至树高至 5 m 左右。先培养第一层主枝，后逐年培育第二、三层主枝。第一层主枝与主干的角度不能太小，即主枝不能直立生长（如直立需拉枝），一般呈 60°～70° 角；第二、三层主枝与主干的夹角要小于第一层，一般呈 50°～60° 角。这是理想树形的培养原则，但实际树形如层间高、分枝角度等要根据榧树的实际来培养。

4. 树形形成后的管理

经过几年的整形修剪，形成较理想的树形以后，每年只要修剪生长过强的主枝和副主枝，促使树冠平衡，剪除内膛的细弱枝，保证结果枝群有充足的空间和光照，此外无须再对榧树作大的修剪。

第四节 生长过旺榧树的管理措施

香榧种植后管理不当，如施肥过多，或在榧树开始开花、结果的头几年，因怕结果影响树体生长而特地不叫它结果而导致树势过旺的情况。特别是一些初产期至20年生左右的榧树，氮肥施得过多，香榧树营养生长过于旺盛，但一直没有采取整形修剪措施，造成都是直立的主枝群。内膛枝叶多，不透光、不通风，造成香榧树不结果或结果很少。对这种情况的香榧树就需要采取必要的措施，如拉枝、短截、环剥、断根等措施，使其能正常生长、结果。

一、拉枝

如榧树的枝条适宜拉枝的，应采取拉枝的方式，把需拉的树枝往下拉，把枝梢的头稍微向下。同时，对树体进行适当地修剪，去掉多余的枝条，特别是要修剪掉中间的直立树枝，使内膛空阔。这样，使香榧树从营养生长为主转向以生殖生长（结果）为主，产量会逐年增加。所以拉枝对香榧树调整树体结构，改善光照条件，缓和树的生长势，促进其花芽分化，增加产量起着重要作用。

二、短截

（一）目的

短截就是把枝条剪短，留下一部分枝条进行生长，目的是控制树冠和枝梢的生长，促使其抽生新梢，增加分枝数目，保证树势健壮和正常结果（图6-4-1）。

图6-4-1 生长过旺榧树主枝短截

（二）方法

对于树枝粗大而不适宜进行拉枝的香榧树，可对影响生长、结果的主枝在合适的位置进行短截，剪截强枝强芽，减少中上部枝条的生长量，削弱树体的顶端优势，增加下部树体的结果枝数量。在短截的同时，需整枝修剪树体中间影响香榧生长结果的树枝，使树体中间空阔，通风透光，产量会显著增加。

（三）注意事项

主枝短截后，会萌发较多的不定芽，要根据树体的生长实际（如需要的枝条生长方向和角度等）选留延长枝和适量的侧枝，增加结果枝的数量。

三、环剥

对于生长过于旺盛的榧树，环剥主枝也是很有效的一项措施。通过环剥，短时间切断环剥口以上部分的营养输送，增加其营养物质的积累，抑制当年新梢的营养生长，促进其生殖生长，促进其花芽形成，提高坐果率。

（一）环剥时间

春季和秋季都可以实施环剥。春季环剥一般在2月底前，可以提高当年果的膨大率；秋季环剥在采果后的9月下旬至10月上旬，可以促进花芽分化，增加第二年的开花结果量。

（二）环剥方法

选择直立的营养生长旺盛的主干或大枝，环剥的位置在主干的中部、主枝的中下部；环剥的宽度一般为主干（大枝）的所剥处直径的1/12，小枝所剥处直径的1/10，环剥的深度至木质部，即剥掉环剥部分的一圈树皮，成一条环形凹槽。将环剥口用嫁接薄膜包扎好保护伤口及伤口不进水，促进伤口愈合。

（三）环剥注意事项

一是要掌握好环剥的宽度，不能过宽也不能过小，过宽伤口不能及时愈合，影响其第三年及以后的生长、结果，过小环剥伤口很快愈合，达不到环剥的效果；二是如环剥主干或全部主枝时，要适当留部分枝条不环剥，使这部分枝条能向榧树顶部输送营养。

第五节　生态栽培措施

现在的农作物和果树栽培，农药越用越多，病虫害却越来越严重；化肥越用越多，耕地的次数也越来越多，土壤却越来越板结和贫瘠。问题出在哪里呢？

一、生态栽培的意义

实践告诉我们，不用或少用农药、化肥及除草剂，同样可以种好庄稼，同样会高产。生态栽培并不是不用肥料，而其利用的肥料，除了化肥、商品有机肥，更多的如阳光、微生物、蚯蚓、杂草、昆虫、秸秆，都是来自大自然。土壤免耕，秸秆覆盖，种养结合等，使土壤健康、肥沃和疏松。遵循自然之道，保护好环境，实现生物多样性，把土养好了，作物健康生长，抗性也强了，生态自然就平衡了。

发展生态农业的根本意义在于从根本上解决健康问题、环境问题，解决下一代的生存空间和生存条件问题，是保证吃得健康，是让大家生活得更幸福、更可持续的必经之路。

二、香榧的生态栽培措施

香榧是长寿树，是健康树，要可持续发展，必须进行生态栽培。当然，香榧的生态栽培，并不是说要回到原始的栽培管理方式，并不是说一点不用化肥和农药，而是要科学合理地使用肥料（化肥和有机肥）、农药，要采用能更好地保护生态环境、保持生物多样性的耕作和管理方式来栽培香榧，使香榧更优质。

根据各香榧主产区长期以来的栽培管理经验和近几年各地根据生态农业的理念，不断探索、尝试香榧的生态栽培技术及林下经济发展的经验，香榧的生态栽培方式有多种，其中有几种是可以从香榧幼林期开始到成林期都可以采用的模式，就是在合理间种的情况下，既充分利用了林间空地，较好地对香榧进行除草施肥等抚育管理，促进香榧生长、结果，又增加了林地收入，发展了林下经济，还能防止香榧林的水土流失，保护生态环境。

图 6-5-1　茶榧间种

图 6-5-2　香榧林间种药材（白术）

1. 香榧与茶叶共生

在香榧林地上合理间种茶叶，或茶叶地里种香榧，这种模式是香榧老产区千百年传下来的，并在近几年发扬光大（图 6-5-1）。这种栽培模式对香榧的生长、结果和茶叶的质量都是有益的，是目前应用最广的一种栽培模式。

2. 香榧林间种药材

在香榧林里间种药材，既发展了林下经济，增加了经济收入，减少了管理费用，也是很好的一种生态栽培模式。当前可种植的药材有白术、黄精、玉竹、三叶草、何首乌、白及、百合、金银花等（图 6-5-2）。其中黄精、玉竹、百合等还是食药两用作物，既可用作药材，又可当菜吃。

3. 香榧林间种果蔬

在林地里种植瓜果蔬菜，也是香榧产区传统的耕作方法。一年四季轮流种植青菜、萝卜、冬瓜、黄豆、玉米、紫云英等蔬菜作物，以耕代抚管理香榧（图6-5-3）。

图 6-5-3　林间套种瓜果蔬菜

4. 林间种草

此外，香榧生态栽培的另一种方式是种草、养草（图6-5-4），这与国内外的不少生态农场的"作物（果树）与杂草共生"的栽培模式相似。目前比较好的可种草种有白三叶草、鼠茅草和黑麦草等。特别是白三叶草，是豆科植物，有固氮、提高土壤肥力的作用，而且耐干旱、耐热、耐踏、常年绿色，是肥用和观赏两用植物，是非常适宜的生态栽培用草种（图6-5-5）。

图 6-5-4　林间种草、养草

图 6-5-5　间种三叶草

第七章

榧树改良

第一节　劣质榧树的改良

劣质榧树有两种，一种是香榧树的品种不纯，种的苗木不是香榧良种；另一种是种的是实生榧树，结出来的果品质各异，良莠不齐，需改接良种香榧。

一、优良穗条

（一）优良母树

选树龄 30 年生以上，生长健壮，结实稳定，丰产性好，结果枝比例和成果率高的香榧树作为良种母树。

（二）粗壮接穗

采用 1 年生的健壮侧枝作为改良用的接穗。或 1 年生主侧三叉枝的 2 年生枝条（一般用于大树改造），如枝顶有四五个枝条的可剪去其中 1～2 个枝，分枝以下的枝条留长 10～12 cm，保湿贮藏在阴凉的地方备用。

二、嫁接改造

（一）方法

根据树的大小来定。一般采用劈接、插皮接和挖骨皮接等嫁接方法。可采用一砧多穗，多砧高接的方法（图 7-1-1），能较快地恢复树冠和结果，提高香榧的品质和产量。

（二）时间

根据嫁接方法选择不同的嫁接时间，一般劈接、切接可早些，2 月中旬至 3 月下旬就可嫁接；插皮接需迟一些，在 3 月树液已经流动，而芽尚未萌发时进行嫁接最为适宜。

（三）嫁接

1. 截砧

先根据树的大小及生长情况，确定采用低接，还是多头

图 7-1-1　高枝多穗嫁接

高枝嫁接。一般树干直径在 15 cm 以上的实生榧树和主枝较粗壮的榧树宜采用多头高枝接的方式；树较小的嫁接香榧树，一般采取低接（可接 2 个穗）。高枝多砧嫁接的截砧位置一般在主枝较粗壮的部位，离树身 15 ～ 20 cm 处截砧嫁接；树小的嫁接截砧的高度根据树干（主枝）的实际情况而定，一般高为 30 ～ 80 cm，截砧后，剪除萌叶，修光截面后嫁接。

2. 削穗

嫁接的方法不同，其接穗也不同，接穗的削法也不同。这里主要介绍插皮接的方法。

（1）1 年生接穗的削穗。小砧一般采用 1 年生接穗和劈接法嫁接，其削穗与嫁接方法与苗木嫁接时一样。

（2）2 年生枝接穗削法。2 年生枝接穗常用于插皮接，其接穗的削法是：抹去 2 年生枝条上的叶片，先在枝条的一侧面用锋利接刀斜削一刀，削面长 2.5 ～ 3 cm，削去木质部的 1/3 ～ 1/2，

呈长舌形，然后在切面背部轻轻削去表皮，以露青不露白（不露木质部）为好。

3. 嫁接

（1）劈接法。嫁接方法如苗木嫁接。

（2）插皮法。用与削好的接穗形状相似而略微大一点的竹签，在砧木嫁接部位沿形成层垂直插入，拔去竹签，随缝插入接穗。一砧上嫁接插入接穗的数量视砧木面大小而定。插后用塑料薄膜绑扎紧实，嫁接处不露骨创面，要求水渗不进嫁接部位。

4. 做护窝

嫁接好后在大砧和高枝嫁接部位做一个护窝（图7-1-2），目的是遮阳保湿，有利于接口愈合，提高成活率。

图 7-1-2　用毛竹箬壳做一个护窝
（斯海平供图）

（1）大砧嫁接的用硬挺的毛竹箬壳或稻草护窝。先把稻草顺置，稍厚而均匀地围在砧木周围，稻草在砧木截面下15cm左右，用麻类绑扎带或塑料带将稻草基部缚在靠近截面的砧木上，再将砧木截面上及接穗周围放入疏松而湿润的黄泥，仅露出接穗顶部的叶和芽，再绑扎稻草护窝的中上部（黄泥与接穗叶芽结合处）即可。

（2）高枝嫁接的护窝较简单，常用较长的箬壳（棕叶）一张，上下对折后包住接穗和嫁接部位，用薄膜或绳子缚住靠榧树一端树枝和棕叶即成。到秋后解除棕叶。

三、接后管抚

实生树截砧嫁接（高枝多穗嫁接）后，隐芽萌发率和发枝力都很强。为提高嫁接成活率，要适时分批做好除萌工作。为保障养分的供求协调，不能一下子去除砧木上的所有萌蘖条，应根据地上部分的生长情况和嫁接枝条上的抽梢生长情况，分期分批除萌，逐步加大除萌量，1～2年后可除去所有抽生的萌蘖枝。护窝一般在当年冬季拆除，嫁接处塑料膜在翌年秋解缚。

第二节　低产香榧树改良

香榧低产的原因较多，主要是管理措施不到位。如立地条件差，肥培管理没跟上；缺少雄树，授粉不足；落花、落果严重；密度过大，光照不足，有机养分积累少；病虫害造成低产等。

一、改良立地条件

对坡度大、土层薄、肥力差、生长不良的低产香榧树。要砌坎培土（图7-2-1），不使榧树根系裸露，可每年加土，并重施土杂肥，适施磷钾肥，以增加土壤肥力，改善立地条件，促使榧树生长、结果正常。对平缓地带及易积水、排水不畅地方的榧树，则要开好排水沟，防止因积水引起烂根而造成低产。

图7-2-1　砌坎培土保肥

二、人工授粉和保花保果

对周围缺少雄树，光开花不结果或很少结果的榧树，多是由授粉不良造成的，可采取在榧林迎风处配植雄树，也可在雌树顶上嫁接雄花枝，以及人工辅助授粉等办法解决。对一些开花和授粉都好的，因落花、落果严重而低产的榧树，则可采用喷施保果剂"爱多收"来保果增产（详见第六章第二节）。

三、更新复壮与整枝修剪

香榧树经济寿命长，只要抚育管理好，千年榧树仍枝繁叶茂，硕果累累。因此衰老榧树一般都是肥培管理跟不上引起的，可采用砌坎培土，加强肥培管理，截干萌发新枝，进行更新复壮等措施来恢复生长势，提高产量。

（一）荫蓬榧树

对处于山湾山沟里密度过大，枝叶过于密集，光照严重不足的荫蓬榧树，首先要进行疏删和修剪交叉密集枝（俗称开天窗），促进通风透光；其次要增施磷、钾肥，促进开花结果；再喷施1.8%的"爱多收"3 000倍液，促使树体强壮，促进开花结果，提高产量。

（二）树竹下榧树

对处于高大树木下、树蓬中和毛竹蓬中的榧树，因缺少光照，榧树生长不良，结果少。要砍除周围影响榧树生长、结果的树和竹，再加强肥培管理，促使树体强壮、枝繁叶茂，提高产量。

（三）生长过旺榧树

1. 肥培措施

对生长过于旺盛而不结果的低产榧树，则要根据榧树生长情况，停施或减少施肥量，少施氮肥，施适量的磷、钾肥，促进开花结果。

2. 短截

对 15～20 年生的香榧树，可选择较高、较粗壮的主干或粗大枝条进行截干，压制顶端生长势，修剪中间过多密集枝，使树冠矮化、中间亮堂、通风和透光，促进树枝从营养生长向生殖生长转化。

3. 环剥

对于生长过旺的香榧大树，可采用环剥的方法，促使榧树的营养生长向生殖生长转换，增加产量（详见第六章第四节）。

第八章

香榧病虫害防治

香榧的病虫害较多，据有关部门调查，与香榧有关的病虫害有 60 多种，但大多数病虫害对香榧的生长、结果影响不大，真正需要进行防治的病虫害只有 10 多种。

第一节　防治原则和注意事项

一、防治原则

香榧的病虫害防治应遵循"预防为主，综合防治"的原则。就是要从香榧林地的生态栽培出发，预防为主，综合运用各种栽培管理措施，改善生态环境，创造有利于香榧及有益生物的生长繁殖、不利于病虫滋生的环境条件，即消灭病虫来源或降低发生基数（不发生显著为害），以保持生态平衡和生物多样性。

（一）预防措施

1. 深翻林地

在秋、冬季节深翻林地（图 8-1-1），把害虫的成虫、幼虫翻到地表，将其冻死、风干，被天敌捕杀等，消灭部分越冬的成虫和幼虫。

图 8-1-1 秋、冬季节深翻和清理林地

2. 高温杀虫

施有机肥时，特别是土杂有机肥，必须在施肥前采取肥上覆盖塑料薄膜等措施进行高温发酵，充分腐熟，将害虫杀死在肥料的高温发酵中。

3. 清理病源

在香榧林中进行农作物套种的，不种薯类等容易引起根腐病的块茎植物。发生病害时要及时清除病源，挖除和烧毁病株，并进行土壤消毒。

4. 保护天敌

在进行香榧病虫害防治中，或林地管抚中，要注意保护和利用天敌，减少病虫害。

（二）综合防治

为使香榧产业可持续发展，对香榧病虫害防治要做到综合防治，即在针对某一种病害或虫害进行防治时，要考虑到其他病虫害的影响，也要考虑到药剂对保护生物多样性，维护生态平衡的影响。因此，不要单纯用农药进行防治，要采取多种措施进行综合防治。

1. 营林措施

营林措施是指不使用农药而是通过一些物理的手段来防治香

榧的病虫害。主要措施有：调整林冠密度，整枝修剪，使香榧林、香榧树冠内通风、透光，减小病虫生存的空间；开好排水沟，使林地不积水，土壤通气性好，避免根系腐烂；冬季深翻林地，冻死成虫、幼虫和虫卵，减少第二年的虫害数量；不种植有利于病虫害发生的农作物，如不种薯类等块茎作物，预防根腐病的发生；剪掉发病枯枝（病虫枝）、挖除和烧毁病株、土壤消毒等。

2. 物理防治

物理防治病虫害的方法有：

（1）人工捕杀。如以袋囊越冬的害虫可以摘囊捕杀，以虫卵在土壤里越冬的，可在秋冬季深翻土壤杀蛹。

（2）灯光诱杀。在夜间活动取食为害香榧的夜蛾成虫和金龟子等都具有趋光性，可用黑光灯诱杀。

（3）毒饵诱杀。如蝼蛄、小地老虎、白蚁等害虫有喜食某些物质的特性，可配制毒饵进行诱杀。

3. 生物防治

生物防治的方法主要有以下几种：以虫治虫，即利用天敌来杀虫，如多种类瓢虫、小蜂能吃掉蚧壳虫，穿山甲吃白蚁等；以菌治虫，利用可以使害虫发病的微生物来杀死害虫，如沼泽红假单胞菌对不少真菌、病毒和螨虫有非常好的控制作用；其他有益动物的利用，用鸟类或其他动物来控制害虫的数量，如啄木鸟吃蛀干害虫等。此外，还可用生物农药来防治病虫害。

4. 农药防治

用农药防治是香榧进行病虫害防治的主要措施之一。药剂防治的方法有喷雾法、喷粉法、喷烟法、撒颗粒法、毒土毒饵法、泼浇法、涂抹法、注射法等，应根据害虫不同而采取相应的防治方法。

二、防治注意事项

（一）要清楚防治对象

在香榧病虫害防治中，常见打药的人不清楚防治的是什么虫、什么病，看见别人在打农药就盲目地跟风去打农药。打农药的目的是防治病虫害，所以我们首先要搞清楚自己的香榧树有没有病虫在为害，如有就要搞清楚是什么虫或什么病在为害，应该打什么农药，打多少浓度，要打几次，什么时候打，这样才能有效地防治病虫害。

（二）要把握用药时机

病虫的为害有一定的规律，也有它自己活动的生物钟。如香榧细小卷蛾类喜欢在光照充足的白天活动，夜蛾和部分螟科蛾都是在晚上活动（交配、产卵），而且，害虫一般都是幼虫为害，需在产卵、卵孵期灭杀成虫和卵。只有掌握病虫害的发生规律和活动规律，才能掌握时机有针对性地用药防治，才能达到最好的防治效果。

（三）要掌握农药使用方法

1. 农药兑水的水质

井水、山水多为硬水，自来水中含有氯、钙等元素，影响水质，用这些水来稀释农药（配制药液），会分解农药的有效成分，防治病虫害的效果就差。而清洁的塘水、河水和溪水多为软水，含矿物质少，可以用来稀释农药。

2. 使用浓度和天气条件

（1）农药使用浓度和用药天气，对病虫害的防治效果影响较大。如杀虫剂用药浓度过高，对香榧的生长、结果有影响，还污染环境；浓度过低，起不到杀虫防治作用，因此一定要正确使用剂量。

（2）天气要选无雨无风的晴天，在早上露水干后喷，喷药4小时内需无雨，否则需重喷；气温对有些农药也很重要，如石硫合剂的使用气温以 20～30℃较适宜，气温在 8℃以下，不易发挥药效，32℃以上则易产生药害，不能使用。

3. 喷药方法要正确

林间病虫的为害和栖息，在树上都有一定的部位，农药喷施时喷不到为害部位，防治效果就差。如瘿螨主要为害叶子的背部，喷药就应重点喷施香榧叶子的背部，防治效果才好。

第二节　主要病害防治

香榧的病害主要有细菌性褐腐病、紫色根腐病、茎腐病和绿藻。

一、香榧细菌性褐腐病

病原为胡萝卜软腐欧氏菌 。每年 5 月下旬为发病高峰期，病果在 5 月下旬至 6 月上旬为落果盛期。初期症状为，出现针头般油渍状小病斑，随后病斑迅速扩展成片或呈条状或不规则形状的锈褐色病斑，略凹陷，并有水珠状黏液溢出（图 8-2-1），果皮由青绿色渐变成灰黄色，侵入种仁后，被害部呈紫褐色后脱落。当发病较迟或较轻时，仅果实表面结疤或成畸形果，一般不脱落，但影响果实继续发育和香榧的品质。

图 8-2-1　香榧细菌性褐腐病病斑

防治方法：

（一）林地清理

病原菌在落地病果中越冬，因此，及时清除香榧林中的病残果，能有效减少此病的侵染源。

（二）药剂防治

（1）发病前在树冠喷施 50% 代森铵 800 倍液，或 1 000 倍液"402"抗菌剂。视发病情况，以后每隔 1～2 周再喷 1～2 次。

（2）发病时用 5% 菌毒清农用杀菌剂 300 倍液，或 50% 代森铵 800 倍液，或 50% 退菌特 400 倍液，或 40% 噻唑锌悬浮剂 600 倍液交替喷施。

（3）树冠喷施 1.8% 的"爱多收"3 000 倍液，以增强树势和抗性，预防和减少香榧细菌性褐腐病的发生，具有较好的效果。第一次在开花前的 3 月下旬或花期的 4 月上中旬，第二次在 4 月中下旬，第三次在落果前的 5 月上中旬，中间间隔 10～15 天。

图 8-2-2　香榧根腐病

二、紫色根腐病

此病为害香榧苗木和成年榧树的根部。夏至之后发病，以白色的菌丝网罩根系，俗称"网筋"，导致根部腐烂（图 8-2-2），外皮易自内部呈筒状脱离，病株树叶变黄、干枯早落，重则整株枯死。

防治方法：

（一）加强管抚

加强林地的抚育管理，勤

松土除草，平地缓坡要开好排水沟，林地不积水，保持土壤疏松通气；施用农家肥要充分腐熟，不种易感染的农作物（如薯类等）。发病时，要及时挖除或烧毁病株，用生石灰或喷浇5%～10%硫酸铜溶液防止蔓延。

（二）保护树体

减少榧树根系的伤口，是预防该病的有效措施。对榧树上的剪锯口也要涂1%硫酸铜消毒后再涂波尔多液或煤焦油等保护，以利促进伤口愈合，减少病菌侵染。

（三）农药防治

（1）出现病株后要及时防治，可用于浇灌防治的有64%杀毒矾可湿性粉剂400倍液、5%菌毒清100倍液、40%乙磷铝水溶性粉剂300倍液、25%甲霜灵可湿性粉剂800倍液、95%敌磺钠可湿性粉剂500倍液等农药。隔一周时间用药液灌浇1次，连续防治2次。

（2）施药液时，在病株根部周围，挖2～3条不同半径的环状沟或5～7条辐射状沟，沟深及见根，用农药液进行灌浇，灌浇时可分数次灌浇，让根部充分承受药液消毒，后覆上松土。

三、茎腐病

常于3月开始发病，为害苗木和幼树，主要发生于根茎部，发病初期病斑呈水渍状，黄褐色或紫褐色，病皮稍肿皱，皮层组织腐烂，后期树皮干缩，至6—8月高温天气慢慢枯死（图8-2-3）。

图8-2-3　香榧茎腐病

防治方法：

（一）营林措施

（1）可根际覆草降温、保湿，5—9月搭棚遮阳，加强肥水管理等措施，防止灼伤苗木茎基部，以免造成伤口导致病菌侵入。

（2）注意农家肥的施用，不施未经充分腐熟的农家土杂肥，以免将菌源带入苗圃，造成为害。

（二）农药防治

出现病株后要立即用药防治，可用25%甲霜灵可湿性粉剂800倍液、64%杀毒矾可湿性粉剂400倍液、40%乙磷铝水溶性粉剂300倍液、80%代森锌可湿性粉剂500倍液等农药及时浇灌。

四、绿藻

绿藻，也叫青苔，大多发生在香榧树的老叶上，新叶为害较轻（图8-2-4）。在通风透光不良、潮湿阴暗的山谷、空气湿度大的林间，香榧绿藻容易发生，6月中下旬至7月上中旬为发病盛期。绿藻在榧树叶上形成表面粗糙灰绿色苔状物，一般以轻度发生为主，但不进行防治会逐年加重，树叶表面会出现厚厚的灰白色。绿藻的发生会影响香榧叶片正常的光合作用，导致香榧果实养料供应不足，严重的会导致落果和减产。

图 8-2-4　绿藻

防治方法：

（一）管抚措施

1. 加强管抚

较密的林地要及时疏枝，改善林地香榧树的通风和光照条件；梅雨季节注意林地排水；及时防治其他病虫害，提升林分抗害能力。

2. 冬季清园

冬季及时清除病枯枝与杂草，减少病源，创造不利于绿藻繁殖的生态环境。

（二）药剂防治

在春、秋季喷施晶体石硫合剂800倍液防治，或青苔快克冬春季300倍液、夏秋季500倍液，或12%松脂酸铜800～1 000倍液，或20%噻菌铜800～1 000倍液，或33.5%喹啉铜1 000～2 000倍液等化学药剂2～3次，为害严重时可增加喷药次数。香榧采收前60天严禁用药；夏季高温天气不宜喷施，以免造成药害。

五、香榧黄茎病

（一）香榧黄茎枝叶的产生原因

原因主要是土壤中缺少有机质、土壤结块，或长期施化肥使土壤板结不通气。即土壤黏性重、板结、通气性差，特别是缺少有机质，香榧树缺少营养而产生黄茎病，树枝、树叶逐渐变小、变黄，为生理病害（图8-2-5）。

图 8-2-5 土壤、肥力等引起的黄茎枝

（二）黄茎枝病的防治

香榧在有机质含量高的肥沃、通气性好的沙性土壤里，能防止黄茎枝病的发生。

产生黄茎枝病后的香榧树治理措施：

（1）种在黏性重、通气性差的泥性土壤中的黄茎枝香榧，要通过换土、掺通气性好和较肥沃的沙性土，改良土壤。

（2）较平缓的林地，要在香榧树周边开好排水沟，使土壤不积水，增加香榧根系的通气性。

（3）肥料以有机肥为主，多施能增加土壤疏松、通气性好的、腐熟过的土杂肥，增加香榧生长、结果需要的有机质。

六、香榧疫病

香榧疫病是香榧的一种主要病害，在香榧树上多有发生，可造成幼苗枯萎死亡（图 8-2-6），大树枝干局部溃疡，树皮腐烂干缩，枝条枯死，叶片出现不规则状黄白色斑点（图 8-2-7），造成不同程度的落叶，严重影响香榧的生长、结果。并会随着病害加重，最后导致榧树枯死。

疫病的发生，其主要途径为：病菌通过冻害、虫害和嫁接、整枝修剪等伤口侵入香榧树越冬，常在春季 3 月气温回升、雨水

图 8-2-6　苗木枯萎

8-2-7　叶片病斑

充足时发病，病菌随风、雨、昆虫和苗木传播，6月进入发病盛期，枝干染病严重的陆续枯死，至10月病情逐渐停止发展。

防治方法：

（一）管抚措施

（1）加强抚育管理，增强树势，提高香榧树体的抗病能力。

（2）及时防治蛀干害虫，防止病菌从伤口侵入。

（3）定期检查，发现严重病株、病枝时要及时清除烧毁。

（二）药剂防治

（1）用农药霜霉威防治。从病害发生前或发生初期开始喷药，7～10天1次，与其他不同类型药剂交替使用。一般使用72.2%水剂600～800倍液，或40%水剂300～400倍液，均匀喷雾。注意，霜霉威不可与呈强碱性的农药等物质混合使用。

（2）发病严重时可用的农药。60%氟吗锰锌1 000倍液，60%灭克（氟吗啉）可湿性粉剂500～800倍液，或66.8%霉多克可湿性粉剂600～800倍液等喷雾。

（3）对大树枝干上的个别大病斑，用刀刮除后涂"402"抗菌剂200倍液、波美10度石硫合剂。或用70%甲基托布津可湿性粉剂1份加植物油3～5份涂抹。

第三节　主要虫害防治

一、地下害虫

（一）主要种类

主要为小地老虎、蛴螬（图8-3-1），为害时间3—8月。

图8-3-1　蛴螬成虫

（二）防治方法

（1）早晚进行人工捕杀。

（2）用 50% 辛硫磷乳剂 1 000 倍液浇灌。

（3）用菜饼、甘蔗等饵料拌 10% 吡虫啉可湿性粉剂，或 40% 毒死蜱乳剂等药剂诱杀，配比为 10∶1。

二、香榧细小卷蛾

1 年发生 2 世代，均以幼虫为害（图 8-3-2）。第一代幼虫在春季为害香榧树的叶芽新梢，第二代幼虫在秋季为害叶片（潜在叶片中）。为害严重时榧树新抽发的叶芽几乎全部落在地上。

图 8-3-2　细小卷蛾的成虫和幼虫

防治方法：

（一）清除虫源

香榧细小卷蛾以老熟幼虫在榧树主干的基部树皮裂缝及树冠下枯枝落叶、苔藓中做茧越冬，可在 11 月下旬至翌年 3 月中旬清除榧树下枯枝落叶，消灭越冬虫源。

（二）生物防治

在产卵期用有血色悦茧蜂等天敌来灭杀香榧细小卷蛾；4 月下旬至 5 月上旬每亩施放 2 个白僵菌粉炮，来灭杀香榧细小卷蛾。

（三）药剂防治

（1）春季第一代，3 月下旬到 4 月上旬，在新梢结果枝尚未完全展叶时，用 10% 吡虫啉可湿性粉剂 2 500 倍液，或 40% 毒死蜱乳剂 1 000～1 200 倍液，或阿维苏云可湿性粉剂 2 000～3 000 倍液，或抑太保粉剂兑水 800 倍液喷杀，第二代从 6 月初起用相同药剂防治。

（2）11月老熟幼虫吐丝下垂时，用49%乐斯本乳油1 000～1 500倍液，或50%辛硫磷乳油1 000～1 500倍液在树冠下喷杀。

三、白蚁

（一）白蚁种类

为害香榧的白蚁主要分为两大类4种。

1. 土栖白蚁

土栖白蚁分黑翅土白蚁和黄翅大白蚁（即白蚁的翅膀颜色分黑色和黄色2种，且白蚁的个头比较大），都是为害树皮的。它们的巢（即窠，白蚁的穴居栖息处）是筑在土里的，这类白蚁是群居和集中在一起为害的，为害香榧时可见香榧的树身上都是泥，即泥路，严重时在树干周围形成泥套，所以叫土栖白蚁（图8-3-3、图8-3-4）。

图 8-3-3　土栖白蚁为害状　　　　图 8-3-4　土栖白蚁在活动

2. 散白蚁

散白蚁也有 2 种，叫黄胸散白蚁和黑胸散白蚁（即白蚁的胸部颜色分黄色和黑色 2 种），为害香榧的木质部（树身）。因这类白蚁的为害常是分散的，所以叫散白蚁（图 8-3-5）。

图 8-3-5　黄胸散白蚁

（二）活动规律

1. 土栖白蚁

黑翅土白蚁和黄翅大白蚁的纷飞期（白蚁配对繁殖，建立新群体的时期）为 4—6 月，为害高峰期为 5—6 月和 9—10 月。黑翅土白蚁纷飞时段在傍晚 19：00—20：00，黄翅大白蚁纷飞时段在下半夜至天亮前。

2. 散白蚁

散白蚁的为害期为 2—12 月，5—6 月和 9—10 月是为害高峰期（图 8-3-6）。黄胸散白蚁的群体常栖居在老树桩、埋

图 8-3-6　散白蚁为害状及栖居地

藏在地下的木质及潮湿、腐朽部分，其纷飞期为2—3月，纷飞时段为11：00—15：00；黑胸散白蚁属土木两栖白蚁，纷飞期为4—5月。

（三）防治方法

1. 管抚措施

清除杂草、朽木和树根，减少其食料，可减轻白蚁的发生和为害。

2. 土栖白蚁的防治方法

（1）饵剂诱杀。在4—6月、9—10月，采用诱杀包等饵剂，诱杀整巢白蚁。

（2）药液灌注。用1%吡虫啉等药液灌注纷飞孔或主蚁道灭杀。

（3）灯光诱杀。用智能黑光灯，在纷飞期时段灯光诱集触杀。

（4）精准挖巢。利用物理锥探技术，精准定位挖取主巢，捉住蚁王后。

3. 散白蚁的防治方法

（1）诱杀法。2—5月，在糖、甘蔗渣、蕨类植物或松花粉中加入0.5%～1%的灭幼脲3号、卡死克或者抑太保，制成毒饵，投放于白蚁活动的主路，取食蚁路、泥被、泥线及分飞孔附近。或是用诱杀盒或监控装置埋设在蚁害的香榧树基部，当诱集到大量工蚁时，喷施药粉在白蚁身上或投放饵剂，灭杀整巢白蚁。

（2）药液灌注。用1%吡虫啉等药液，灌注香榧树受害部位的伤口灭杀。

四、瘿螨

瘿螨为害香榧的症状为：枝叶失绿、失去光泽、下垂、叶背叶缘两侧呈锈色带状物（图8-3-7）。

图 8-3-7　瘿螨为害香榧叶子

（一）管抚措施

香榧树为瘿螨的寄主植物，香榧纯林为害严重，可在香榧林地中合理套种非寄主植物，以减少虫源；要及时疏去重叠枝，使香榧密度适中，保持榧林及榧树的通风透光。同时，合理施肥，提升香榧林的抗病虫能力。

（二）物理防治

及时修剪虫枝，清除枯枝与杂草，冬季清园，减少越冬虫源，创造不利于害虫生长繁殖的环境条件。

（三）药剂防治

冬季用石硫合剂或松碱合剂 10 倍液或 20% 灭蚧可湿性粉剂 40～50 倍液进行清园；3—11 月发生期，用 21% 阿维·螺螨酯 2 000～3 000 倍液，或 34% 螺螨酯 2 000～3 000 倍液，或 5% 阿维菌素 1 500～2 000 倍液，或 73% 克螨特乳油 2 000～3 000 倍液等进行喷药防治。重点喷雾叶背，隔 7～10 天再喷 1 次。

喷雾时间在 15：00 后较为适宜，并正确掌握使用浓度。

五、柳蝙蛾

柳蝙蛾也叫疖蝙蛾，主要为害香榧的枝干（图 8-3-8），幼虫先在树枝的皮层环状蛀一圈后蛀入木质部为害，树木受害后易遭风折，幼虫还可随苗木调运远距离传播。疖蝙蛾每年 1 代，以卵在地面或以幼虫在树干基部、胸高处的蛀道内越冬，翌年 5 月中旬继续发育。7 月下旬化蛹，8 月中旬成虫羽化。

图 8-3-8　香榧枝干受疖蝙蛾为害的症状

（一）产地检疫

苗木出土前要做产地检疫，人工清除带木屑包的苗木，调入苗木时要做好复检。

（二）及早预防

发现蛀孔、蛀洞，可用噻虫啉＋高效氯氰菊酯，或用高效氟氯氰菊酯＋噻虫嗪，用水稀释 10 倍后，将药液注射进虫孔，再用泥堵住虫洞。

（三）药剂防治

在幼虫蛀入树干基部刚出现木屑包时，用 50% 磷胺乳油加水 20 ~ 30 倍液涂一环状药带，或滴、注蛀孔。

六、蚧壳虫

蚧壳虫有好多种，香榧上主要为粉蚧类，如粉蚧、白盾蚧、矢尖蚧等。以白盾蚧和粉蚧为多（图 8-3-9）。

图 8-3-9　白盾蚧为害香榧　　　　　图 8-3-10　粉蚧

（一）蚧壳虫为害特点

1. 为害对象

蚧壳虫大多数虫体上被有蜡质分泌物，常群集于枝、叶、果上。成虫、若虫以针状口器插入香榧的叶片、枝条和果实组织中吸取汁液为害。

2. 繁育特点

蚧壳虫繁殖能力强，一年发生多代。蚧壳虫卵孵化为若虫，经过短时间爬行，雌虫和若虫羽化，形成蚧壳，终生寄居在枝叶或果实上进行为害，这是蚧壳虫的一大特点。

（二）蚧壳虫防治时间

防治蚧壳虫的最佳时间是产卵盛期至若虫期，即在 3 月上中旬，5 月中下旬。因此时大多数若虫体表尚未分泌蜡质，蚧尚未形成，对药物敏感，防治省时省力，防治效果最好。

（三）蚧壳虫防治方法

1. 物理防治

定期施肥，增强树势及树木的抗性；结合养护管理，及时清除刚发生的虫害；秋季人工刷除枝、干上的越冬若虫；对死株进行集中烧毁，彻底消灭虫源；加强修剪，通风透光和干燥的环境，可减少蚧壳虫害的发生。

2. 生物防治

利用天敌进行防治。蚧壳虫的天敌有方头甲、灰唇瓢虫、寡节瓢虫、蚜小蜂、黄金蚜小蜂、姬小蜂、草蛉等捕食性和寄生性天敌。

3. 化学防治

（1）农药应选具有超强的内吸性农药，在若虫期喷杀，也可用2种农药合在一起喷杀，效果更好。一般隔7～10天喷1次，连喷2～3次。

（2）在虫卵、若虫期用10%吡虫啉乳油2 000倍液，或20%的阿维菌素1 500倍液，或吡虫啉与吡虫噻嗪酮或联苯吡虫啉等药剂配合使用。

（3）在若虫、成虫期用螺虫乙酯喷杀，或22.4%螺虫乙酯4 000倍液＋吡丙醚，或6%阿维啶虫脒防治1 000～2 000倍液喷雾，隔10～15天喷1次，连喷2次。

第九章

香榧采收后熟

香榧的质量好不好，与立地条件、气候、栽培管理措施、采收、后熟与加工等多种因素有关。特别是与香榧的采收后熟关系最大。一颗好的香榧一定是成熟采收和科学后熟的。

香榧采收的重点是 9 个字：摘得老、及时剥、不发热。就是说，香榧要成熟后采收，采收后要及时剥去假种皮，并在采收、堆放、剥蒲和后熟的过程中做到榧蒲、榧子不发热。

第一节　完熟采收

一、完熟采收的意义

（一）提高生籽质量

香榧在成熟的过程中不断吸收枝叶和假种皮里的营养，当假种皮的颜色由青绿转为淡黄并开裂时（图 9-1-1），假种皮里的营养物质已基本上被香榧种仁吸收积累，种仁里的营养物质丰富饱和，香榧已完全成熟，这时采收的香榧子质量是最好的。而不成熟或不完全成熟的香榧，假种皮里还有很多营养物质没被种子吸收，种子的种仁是不饱满的，其营养物质是不充分和完整的，香榧子的质量就差。特别是严重摘青的香榧连外种皮（硬壳）都还没有完成发育，晒干后就成摇摇会响的白壳榧。成熟采收就是要使香榧子营养积累充分，提高炒制产品原材料质量。

图 9-1-1　完全成熟的香榧

（二）增加香榧产量

香榧完全成熟后采收可以减少香榧因摘青而造成的重量损失，增加产量，也就增加了收益。

笔者与诸暨市赵家镇林业工作站的同志一起于 2009 年对该镇榧王村的西坑、钟家岭村，海拔 520～620 m，树龄 250 年，生长、结果情况良好的香榧树做过不同成熟期的香榧采收产量对比试验。第一次采摘的时间为 9 月 7 日（赵家镇定的全镇香榧统一开采日），此时树上的香榧蒲多为青绿色，榧蒲没有开裂（未成熟），按传统采摘方法采收榧蒲 2 kg；第二次采摘为 9 月 17 日，此时榧蒲基本上都开裂了，即成熟了，把剩余的香榧全部采收了，西坑株收榧蒲 120 kg，钟家岭株收榧蒲 90 kg。

前后两次采收的榧蒲按同样的剥壳、后熟、洗晒等方法处理，其结果如表 9-1-1 所示。

表 9-1-1　不同采收时间产量对比

项目	鲜蒲重/g	湿籽重/g	干籽重/g	种仁重/g	干籽率/%	株增干籽/g	株增收入/元
西7	2 000	850	472	287	23.6		
西17	2 000	702	508	307	25.4	2 160	432.00
钟7	2 000	785	426	265	21.3		
钟17	2 000	748	487	304	24.4	2 790	558.00

从上表可以看出，9月17日采收时香榧已成熟，比9月7日香榧还未成熟时采收，西坑株和钟家岭株香榧的干籽产量分别增加2.16 kg和2.79 kg，经济收入分别增加432元和558元。

（三）提高香榧品质

香榧的成熟采收除了增加产量和收益外，还提高了香榧的品质（图9-1-2）。

完全成熟的香榧采收后可以直接剥壳脱皮（脱假种皮），不成熟的香榧采收后不能直接剥去假种皮，需要堆放几天后才能剥去假种皮，而在堆放过程中榧蒲会腐烂。香榧成熟采收后直接剥去假种皮，避免了因堆放使假种皮腐烂导致香榧

图 9-1-2　完熟采收的香榧质量好

种壳变黑影响商品（加工好的香榧）外观，避免假种皮腐烂后的异味渗入种仁后影响食用品质。

（四）统一开采日

由于海拔、树龄、立地条件和管理措施的不同等多种因素影响香榧成熟的时间，使各地（村、户）香榧的成熟时间都不一样，因而采摘时间也不相同。但为便于采收管理，大多数香榧主

产区的镇乡村都会制定香榧统一开采日，要求榧农不能早于这个时间采摘香榧，有特殊情况要提早采摘的需征得村里同意。统一开采日制定的本意是要求榧农在这个时间后按每株香榧实际的成熟程度来安排采摘时间，就是要做到成熟采摘、科学采摘。但一般从开采日起，大部分榧农都会开始采收了。

二、完熟采收的方法

（一）香榧成熟时间

香榧一般在"白露"至"秋分"间成熟，但由于各产地的香榧树所处海拔、土壤、光照、树龄、施肥等立地条件和管理情况不同，而导致香榧成熟的时间不同。

1. 海拔

一般香榧的成熟时间海拔高的比海拔低的要早，海拔越高成熟时间越早，海拔越低成熟时间越迟。如种在海拔 700 ～ 800 m 山地的香榧在 8 月底就开始成熟，而海拔 100 m 以下地方的香榧则要在 9 月下旬至 10 月上旬成熟。

2. 树龄

老树香榧的成熟时间早，小树香榧的成熟时间迟。

3. 土壤

长在土壤深厚、肥沃地方的香榧成熟时间比生长在土壤浅薄、贫瘠地方的香榧要迟。如一般砂石山地的香榧比黄泥山地的香榧成熟时间要早。

4. 树势

此外，香榧的成熟时间也跟榧树的生长势和肥培管理、光照等有关，衰老的榧树成熟时间要早于生长旺盛的榧树。

（二）香榧完熟标志

香榧假种皮由青绿色转为绿黄色，假种皮自然开裂（少量露出种子）时，表明这些香榧已完全成熟，可采收了（图 9-1-3）。

图 9-1-3　香榧成熟待采

（三）最佳采收时间

因为香榧采收不可能完全做到成熟一粒采收一粒，一般分为2～3次采收。就是根据单株香榧的成熟程度分先后采摘，要做到成熟一株采摘一株，成熟半株采摘半株，不成熟不采摘。采摘青的香榧由于未成熟，既影响产量，又极易腐烂变质，影响总体质量。

1. 第一次采收的时间

香榧假种皮由青绿色转为绿黄色，并有少量假种皮开裂露出种子时，为最佳的采收期。

2. 第二次采收的时间

在第一次采收后的5～7天，当树上的香榧约有一半成熟时采收。

3. 第三次采收的时间

在第二次采收后3～5天，树上的香榧约90%以上成熟时即可采收，并一次性采完。

（四）香榧采摘

1. 采收工具

香榧采收在主产区有其独特的工具，主要有木制或竹制的蜈蚣梯（以杉木制作的蜈蚣梯最好）、用竹子编制的带钩子的小摘篮和大摘篮（盛榧子）、3条长达20 m的粗摘绳（以棕绳

或麻绳为好）、摘钩、榧篰、柴刀、奈柱、扁担、运输车辆等
（图 9-1-4）。

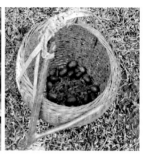

图 9-1-4　采收工具

2. 采收天气

香榧采摘应在晴天露水干后进行，不宜在雨天采摘（会影响
香榧质量）。

3. 安全采收

几百上千年的香榧树非常高大，而且不少榧树还长在悬崖峭
壁上，在这样的树上采摘香榧非常危险。要做到安全采摘必须用
到传统的采摘工具蜈蚣梯和摘绳。榧农用蜈蚣梯上树后，先将绳
索一头拴在香榧树上部直立的树干上，绳索的另一头拉紧拴在横
向较为粗壮的大树枝上，树干、树枝和绳呈直角三角形，这在香
榧老产区被称为"做单线"加固。使人站在加固后的树枝上采摘
香榧安全一点。同时，在高大的树上采摘，还要系好"安全绳"，
即用牢固麻绳的一头系在人的腰身上，另一头也要系在牢固的树
干上部，此时长绳索的活动长度要小于系绳处与地面的高度，才
能防人落地摔伤。采摘时人站在加固后的树枝上采香榧。

4. 采收方法

香榧常用的采收方法为上树采摘和用采收网采收，不宜以香
榧子落地后去捡的方式采收香榧（香榧子落地后假种皮和种仁易

干，影响其后熟质量），严禁击打采收。树下散落的香榧子需及时拣收处理，避免榧子过干。

图 9-1-5　古树上树采收一景
（徐德文供图）

（1）上树采收（图 9-1-5）。在老产区香榧的传统采收方法是：采用三个手指（也可用两个手指）旋转果实使其脱落的双手采摘法。即先用左手拇指、食指和中指捏住采摘处果枝，再用右手拇指、食指或拇指、食指和中指捏住榧果，轻轻一旋转使其脱落，榧蒂（果蒂）留在树枝上（图 9-1-6）。如用这种方法采摘，果蒂留不住，说明此香榧果还没有完全成熟。

（2）用采收网。在香榧树冠下面铺上采收网（图 9-1-7），香榧成熟后脱落在采收网上及时捡收和处理（主要是防香榧干枯）。采收网适用于高大香榧树的采收。

图 9-1-6　香榧双手采摘法

图 9-1-7　香榧成熟前铺好采收网

5. 香榧盛运

采下的香榧要用篾箩、筐、竹篮、塑料筐等硬质通气的农具盛装（图9-1-8），忌用塑料编织袋等不通气的软包装，因为榧蒲盛在塑料编织袋里时间一长就会发热变质。香榧蒲采下后宜放在树阴下或太阳晒不到的地方，保持榧蒲的阴凉、通风。

图9-1-8　用竹篮、筐等
盛运香榧蒲

榧蒲在采收和运输过程中要注意不能挤压，以免挤伤香榧，也不要长时间晒在太阳下，避免发热变质。不使榧蒲发热是保证香榧质量的关键点。

（五）摘后榧树管理

香榧采摘好后，要将采摘时拉乱的香榧枝条恢复到原来的位置。并进行施肥，补充营养，恢复树势，为来年香榧的丰产丰收打下基础。

第二节　及时脱皮

采回来的榧蒲，完全成熟的可直接剥去假种皮，不需要经过二次堆放；来不及剥的榧蒲和不完全成熟的榧蒲要先进行摊放。

一、摊凉散热

采收回来的榧蒲要先在阴凉、通风处薄堆摊凉（图9-2-1），散去榧蒲从林地上带回来的热量后，再进行脱蒲处理。

图 9-2-1 榧蒲薄堆摊凉

二、分类堆放

不同成熟度的榧蒲要分开堆放。即成熟的榧蒲与不完全成熟的榧蒲及采青籽要分开堆放。

三、堆放方法

（一）堆放地点

榧蒲的堆放地点应阴凉通风。气温闷热、通风不畅时，需用排风扇、空调等来降低堆放场所的温度，避免榧蒲发热而影响香榧质量。

（1）将榧蒲堆放在阴凉、通风的泥地面上。

（2）在水泥地面上堆放，则要先在地面上铺上一层稻草，或放置竹枥、脚手片之类的通气材料，上面再堆放榧蒲。

（3）在竹篮、竹筐里堆放，中间需立柴爿桩或稻草束通气。

（4）在雨天或露水未干时采收来带水的榧蒲，应凉干榧蒲表面水分后再进行堆放或脱蒲。

（二）堆放厚度

榧蒲的堆放厚度一般不超过 15 cm，过厚榧蒲容易发热腐烂。如堆放场地狭小，可用竹筐、塑料筐等放架子上在阴凉、通风处进行分层叠放（图 9-2-2）。

图 9-2-2 架子堆放

（三）堆放时间

榧蒲的脱蒲时间越早，香榧的质量（外种皮色泽和种仁品质）越好（图 9-2-3）。榧蒲堆放时间越长，越容易腐烂，所产生的精油味和种仁发热变质影响香榧品质（图 9-2-4）。成熟的榧蒲最好在 2 天内剥完；不完全成熟的榧蒲 3 ～ 4 天剥完；摘青的榧蒲 5 ～ 7 天剥完。

图 9-2-3　榧蒲薄摊放
及时剥

图 9-2-4　堆放时间过长榧蒲
易腐烂

四、脱蒲方法

榧蒲进行脱蒲的方法有手剥和机剥，两者各有优缺点。在劳动力紧缺的当下，机剥榧蒲是发展方向。当前的脱蒲机虽然还存在机械摩擦、挤压损伤而使少量香榧子产生腐烂影响质量的问题，但与原来的脱蒲机相比，在近几年的不断改进中越来越趋于完善。

（一）手剥脱蒲

手剥榧蒲是传统的方法（图9-2-5、图9-2-6）。因手剥榧蒲对榧子的损伤小，剥出来的香榧质量好。但手剥榧蒲费时、费力，效率低，成本高。还会在榧蒲量大时来不及剥而堆放时间过长或堆放不合理，导致榧蒲发热、霉变。

图 9-2-5　企业剥榧蒲

图 9-2-6　农家剥香榧

（二）机剥脱蒲

1. 机剥榧蒲的优缺点

成熟榧蒲可以机剥。机剥榧蒲速度快，能解决劳动力缺少和大量榧蒲堆积的问题。存在的问题是还有极少量的榧子的薄壳区（香榧子大头一端颜色较浅的菱形区域，尖顶为出芽的地方，较薄，见图2-1-3）会因损伤进水而烂头。

2. 最早的脱蒲机

第一代香榧脱蒲机，出现在2010年的香榧采收季（图9-2-7），是香榧科技人员骆成

图 9-2-7　2010 年 10 月 1 日
钟家岭村机剥榧蒲

方首先在 2008 年提出，从 2009 年开始研制的，那时的脱蒲机（当时叫香榧剥壳机）的质量虽然不能与现在的脱蒲机比，但它开了榧蒲机械脱蒲的先河，现在的脱蒲机都是在那台剥壳机的基础上不断改进而来的。

3. 脱蒲机的选择

要选择对香榧子损伤小，子、皮分离，出子顺畅、种子在滚筒中时间短的脱蒲机。

4. 机剥榧蒲注意事项

（1）不成熟的香榧蒲不能用机器剥，成熟度不同的香榧蒲不能放在一起机剥。

（2）机剥时不能求快，不能硬塞。

（3）机剥香榧，同一批榧蒲只能剥 1 次的，不能把第一次剥不干净的榧蒲再去剥第二次。

5. 冲水机剥榧蒲

近年来，有的榧农在机剥榧蒲时，采用边剥边冲水，使剥出来的榧子很干净；或剥后水洗干净，用干净子进行后熟。这种去皮方式和水洗的榧子对香榧质量既有利又有弊。

（1）利。机剥时冲水，减少了机剥时对榧子的损伤，降低了精油味和榧气味，也使榧子在剥时不发热，剥出来的榧子很干净，外表色泽好；或机剥时不冲水，剥后把毛榧子洗干净，使榧子外表色泽好。这两种方式都不会在后熟中受机剥时留在榧壳上的假种皮、精油味对种仁的影响，榧子干净、无异味、色泽好。如后熟技术掌握得好，能增加香榧香气的浓郁度，使香榧闻着清香，回味淡香悠远。

（2）弊。这样冲水剥出来的榧子和机剥后水洗的榧子，由于机剥时损伤，其种壳比手剥的要薄一点，保水性能差，后熟过程中氧化较缓慢，所需要的湿度要求大一点，而且对后熟的技术（控温、控湿）要求高，稍掌握不好，其脱衣会比较差，香气会不足，榧子的质量会大受影响。

因冲水剥出来的榧子和机剥后水洗的榧子，其后熟技术要求高，所以在目前掌握的技术下，不建议全面推广应用。但这项技术值得在机剥、冲水、清洗、后熟等过程中的每个环节进行继续研究探索和完善，将会有较好的推广应用价值。

（三）不适宜的脱皮方式

有些地方的农户前几年采用在钢丝网上搓揉的方式去皮（图9-2-8），会损伤香榧种壳，种仁里进去水分和精油，种仁易腐烂，并产生精油味，不宜采用。

图 9-2-8　不宜采用的脱皮方式

（四）假种皮处理

1. 要保护环境

香榧蒲剥后留下的假种皮，除用于精油、肥料等进行工厂加工外，余下的假种皮不能随便乱丢，要注意环境保护（图9-2-9）。

2. 晒干作肥料

也不能把大量的新鲜假种皮作为肥料直接放在树底下，假种皮腐烂后会在土壤中形成

图 9-2-9　假种皮不能随处堆放

不通气的油污层，使香榧根系不通气而烂根。可将假种皮晒干后再放在地里作肥料。

第三节　后熟处理

从榧蒲剥出（脱蒲）后的种子叫毛榧子（图9-3-1），必须经

过后熟处理（生理后熟），香榧才好吃。后熟处理种子是在一定温度、湿度状态下，经过一定的时间，其间通过种子的代谢活动（主要是通过呼吸作用）引起单宁氧化沉淀，使单宁固化、种衣结块，从而起到养分转化、脱涩、促进脱衣和增香的作用，达到生理后熟和香榧产生甘甜、鲜味及后味深长，使香榧好吃的目的。

图 9-3-1　刚从榧蒲中剥出来的种子

　　香榧的后熟重点是 12 个字：保湿后熟、控制温度、场地通气。即在后熟期间，要保持榧子的湿度（86% ~ 90%），温度控制在 25℃左右，要避免温度过高榧子发热变质，后熟场地保持空气流通。

一、后熟方式

（一）传统后熟

　　香榧传统的后熟方法是堆放在泥地面上，覆盖保湿后熟（图 9-3-2）。

（二）后熟堆制库

　　在 2020 年前后，浙江农林大学等单位开始研发自动调温、调湿的"香榧后熟堆制库"（图 9-3-3），库中装有制冷主机、超声波雾化器、进风机、出风口和温度、湿度、二氧化碳浓度传感器等自动化程序控

图 9-3-2　泥地面上覆盖保湿后熟

制系统，能够快速地自动对香榧进行后熟处理，目前正在部分香

榧企业推广应用和不断改进中。

图 9-3-3　香榧后熟堆制库（叶金红供图）

二、后熟场地

香榧毛榧子应就近后熟，一般都在防雨、防漏、阴凉、通风和有可开关门窗的一楼室内进行后熟，尽量选择低温、湿度大的场地。最好配有可调节温度的设施。

（一）泥地面后熟

在干净的泥地面上进行香榧后熟的好处是，能保持后熟中榧子的湿度，因为泥地地下有潮气，使榧子不至于太干；榧子过湿时，泥地又可吸收部分水分。

（二）水泥、地砖、大理石地面后熟

现在的香榧企业大部分都在一楼的地砖、大理石等光滑的地面上后熟（但不适宜在2楼以上毛糙的水泥地面上后熟）。地砖、大理石地面后熟的缺点是地面不吸水，在毛榧子种壳过湿时，不宜直接在地上面后熟，需摊薄凉干表面水分后再进行后熟。如在一楼水泥地面上后熟，在后熟前要在水泥地面上喷水，使水泥地面不至于太干，等地面水分干了后再进行香榧后熟。

（三）香榧后熟堆制库

现在研制的香榧后熟堆制库建在封闭的房间内，库的大小根据需要而建。其优点是可自动调节温度和湿度，叠放堆制后熟，节省地方和时间。现在的后熟库缺点是：建设成本过高；榧子叠放堆制后熟，温、湿度上下不均匀；库内通风弱、与库外不通气，后熟过程中产生的精油味散味慢；不能自动翻堆，需要每天人工翻堆，人工花费大；需准备备用电源。这些不足需继续研究改进。

三、后熟方法

毛榧子的后熟要点是香榧在堆放后熟中既要保持一定的湿度，又要控制好温度（主要是温度不能过高），使香榧种衣由紫红色转为紫黑色、黑色（完成后熟的标志），较好地完成香榧的生理后熟。

香榧必须保湿后熟，而且场地既要空气流通又要能够保湿。如在面积大、门窗多、通风条件好的大厂房里后熟，因天晴时空气湿度只有 60% ～ 70%，远远达不到香榧子后熟的湿度要求，所以必须在毛榧子上面进行覆盖保湿后熟。同时，白天最好关窗，避免窗、门外的热气吹进场地影响后熟，最好再在窗外遮挡阳光，即避免阳光照射堆放场地影响后熟，到晚上凉后开窗通风。如感到场地闷热时，要及时降温和通风。

（一）传统后熟方法

1. 泥地面后熟

历史上传下来的香榧后熟方法，是把剥出来的毛榧子堆放在泥地面上，厚度为 30 cm 左右，上面用剥出来的鲜假种皮覆盖保湿后熟。大面积堆放的，中间插一些柴爿桩、干燥的稻草束来进行榧子堆的通气，以免使榧子发热腐烂。

2. 翻堆与检查

传统后熟的方法是在 20 世纪 80 年代前，9—10 月的气候条件一般是温度在25℃左右，很少在30℃以上的，在这样的气候条件下后熟是比较理想的。后熟的前期一般是隔2～3天翻堆一次，后期隔5～7天翻堆一次。每天检查一次，主要是检查香榧堆的温度（因上面盖有假种皮的覆盖物，湿度够）。因早先时缺少可插入测量温度、湿度的温湿度机，全凭经验和感觉，方法是：把手伸到榧子堆里，感觉手上的温度，如果手上的感觉是温的，说明榧子堆的温度正常；如果手上感觉有点热度（30℃以上了），那就要翻堆和摊薄降温了。保持原来的湿度。要注意的是手感要视天气（气温）而定，不同的气温条件下手感的温度与实际温度是不一样的。

3. 后熟的时间

香榧后熟的时间一般为35天左右。当香榧后熟到30天左右，在检查时剥开毛榧子的外壳，看种衣的颜色从红褐色变为黑褐色、黑色时，说明已完成后熟了，选晴天进行洗晒。

2000年前采用的是传统的后熟方法，现在气候变暖，环境温度升高，以及劳动力、住房和生活条件的变化，传统的后熟方法已不适应现在的天气和后熟环境及人们的观念了，需要随近年新技术的出现而改进，使香榧的后熟完成得更好。

（二）近年新的后熟方法

堆的薄一点，翻堆勤一点，保持湿度，控制温度，这是后熟的基本原则，要根据实际情况来作相应的后熟操作。

1. 堆放厚度、温度和湿度

（1）堆放厚度一般为15～20 cm，完全成熟的干爽子可堆高为20～25 cm。因开始后熟时，榧子的呼吸作用强，堆厚容易发热，所以前期需稍薄，7～10天后呼吸作用减弱，可适当加厚一点。如缺地方堆放后熟而用大竹篮、大筐等器具后熟的，需在篮筐中间立柴爿桩、干稻草束等通气散热，但同时又要做好保湿措施。在仓库中后熟，则既要控制好温度，注意通风和空气流畅，又要保证后熟榧子的湿度（图9-3-4）。

图 9-3-4　大厂房中后熟要注意温度、湿度和通风

（2）后熟温度。

① 榧子后熟堆放的头 5 ～ 7 天，榧子的呼吸作用强，温度会比较高，一般 7 ～ 10 天后，榧子的呼吸作用减弱，温度会降下来。

② 榧子后熟堆放的适宜温度为 20 ～ 25℃，不宜超过 30℃。温度过低，后熟时间长，影响后熟进度，但不影响后熟质量；温度过高，香榧发热腐烂变质，影响香榧品质。

③ 但后熟期间自然温度一般都会高于 25℃，大多数时候白天温度都在 30℃上下，甚至高达 35℃，对香榧后熟来说温度偏高，因此在温度偏高时，场地一定要采取一切措施通风降温（用排风扇、空调等降温）。

（3）香榧保湿后熟的相对湿度宜在 86% ～ 90%。笔者做过测试，完全开裂的榧蒲剥出来的毛榧子的相对湿度为 85%，成熟不开裂的榧蒲剥出来的毛榧子的相对湿度为 86%。如保持住榧子刚剥出来时的湿度就能完成后熟了（因传统后熟是不加湿的）。因此香榧子后熟的湿度不宜过大，也不宜过小。一般要求前期湿度大一点，后期小一点。

2. 保湿覆盖的材料和方法

毛榧子一般采用覆盖物覆盖来进行保湿后熟。若榧子堆放时温度偏高，则在保证其湿度的情况下可不进行覆盖。

（1）材料。尽量用黑纱、稻草、假种皮等既透气又保湿的材料作为覆盖物保湿。

（2）方法。可用 2 ～ 3 层湿润黑纱覆盖在毛榧子上进行保湿后熟；也可用黑纱加假种皮的方式进行保湿后熟，即先在种子堆上覆一层黑纱，再在黑纱上盖厚 2 cm 左右没有腐烂的假种皮；还可用黑纱加稻草方式来保湿后熟：先在榧子堆上覆一层黑纱，再在黑纱上摊上薄薄一层的润湿稻草（稻草上不滴水）。具体采用哪种方法要根据自己的实际情况来定。

3. 榧子后熟翻堆

（1）翻堆的作用。香榧子在后熟过程中必须翻堆，目的是使后熟榧子的温度和湿度上下较均匀一致，并散去热量和杂味，以保证香榧的后熟质量。原则是前期勤翻，后期少翻。同时，也要注意在翻堆中榧子失水、失温和增加霉菌的问题。

（2）翻堆的次数。后熟的时间主要在 9—10 月，如不下雨，一般的日子自然气温较高，温度高、湿度小，后熟的香榧子表层失水快、杂味多，特别是开始后熟的前几天，因呼吸作用强，榧子间易发热，所以需勤翻堆（图 9-3-5）。一般开始时隔 1 天翻 1 次，7 ～ 10 天后隔 2 天翻 1 次，后期（20 天左右）隔 3 ～ 5 天翻 1 次。其中，堆得厚的要翻得勤，湿度过大的要勤翻，采青子要勤翻，机剥的要勤翻。

图 9-3-5　后熟期间多翻堆

（3）翻堆的方法。翻堆就是把整堆榧子上下、左右、里外全部翻一遍，翻均匀，使整堆榧子的温度和湿度翻堆后变得基本一致。同时，翻堆时要注意榧子的湿度够不够，如不够可喷雾加湿，翻拌均匀后再摊平覆盖后熟。

4. 后熟所需时间

香榧子的后熟时间一般为 25～40 天，最好 30 天以上。香榧产区传下来的后熟时间是：25 天以上可以吃了（种子的种衣变紫黑色，单宁已转化），30 天以上可以卖了（香榧的基本香味有了），35 天以上的味道是最好的（香榧的风味完全出来）。就是说，要吃到真正的好香榧，毛榧子的后熟时间要到 10 月下旬至 11 月上旬。

因各地各户各企业的后熟方式、环境温度、湿度以及种子成熟度等都不同，其后熟时间也略有不同。

5. 后熟期间湿度

香榧子在后熟过程中要保持湿度在86%～90%。但期间场地要通风，白天温度也较高，所以要经常注意覆盖物的湿度，干了就要加湿（可喷雾加湿）。如榧子干了，在前期，种衣没变黑前可以给种子堆喷雾加湿（种子变湿润，不流水，翻拌均匀）。有条件的可用加湿器给环境加湿。香榧后熟期间一定要保持其活力，即温度、湿度正常，通气好，香榧的呼吸作用正常。

由于各香榧产区的自然条件（海拔、环境、堆放场地、后熟辅助设施、要后熟的毛榧子本身因素）及管理者的思想观念的不同，所采取的后熟措施也不一样，但总的来说，香榧后熟的大原则是：场地阴凉、通风、通气，保湿后熟（湿度86%～90%），适宜的温度（20～25℃），后熟时间 30～35 天。具体的后熟措施要根据各自的实际情况来作相应的操作（图 9-3-6、图 9-3-7）。

图 9-3-6　保湿后熟

图 9-3-7　完成后熟的香榧子

6. 不覆盖保湿的后熟

近年来，有的香榧企业在榧子后熟过程中在榧子上面是不加覆盖物进行后熟的。其基本方法和要求如下，供参考。

（1）厚度。后熟堆放的榧子厚度是 15 ～ 18 cm，10 天后可加至 20 cm。

（2）温、湿度。榧子堆中间要根据榧子堆的大小每隔一段距离插一支温度计和湿度计，以掌握整堆榧子的温度、湿度的变化。一般温度要求在 25℃左右，相对湿度在 86% ～ 90%。10 天后，榧子的温度降下来后，湿度可适当降低一点。

（3）翻堆。前 10 天因榧子呼吸作用强，温度较高，需每天翻堆 1 次；10 天后，榧子的呼吸作用减弱，温度下来了，榧堆的高度可加至 20 cm 左右，2 天翻堆 1 次；20 天后，3 ～ 5 天翻堆 1 次。如温度不高，可少翻堆。

（4）喷雾加湿。当榧子表面发白，需用喷雾器喷水加湿，喷后需翻堆，使其干湿均匀。

榧子不加覆盖物进行保湿后熟的技术要求较高，而各地、各个时间段的气候也不一样，要根据实地实际有所变化，灵活掌握操作，在没有把握的情况下，不宜大数量地应用。

第四节　清洗和晒子

一、清洗

香榧完成后熟后，就要选晴天进行水洗（图 9-4-1、图 9-4-2），洗净种壳外黏附的假种皮碎屑、精油等物质，拣净坏子，沥干。

图 9-4-1　山村洗香榧　　　　图 9-4-2　企业洗香榧

二、晒子

（一）晾晒

清洗后的香榧于晴天晾晒 2～3 天，在每日 10：00—15：00 的高温时段要用遮阳网等遮挡强日照，防止香榧受热不均引起外壳爆裂。阳光下气温太高时，如翻动不勤，会使香榧上下受热不均匀导致榧子种仁收缩不均匀，把榧子晒扁了，摇摇不会响，造成种仁饱满的假象，影响脱衣和疏松度，所以在晒的过程中宜多翻动（图 9-4-3）。

图 9-4-3　晾晒香榧

（二）含水量

1.一般要求

把香榧晒至种仁呈玉石色即可（图9-4-4）。可用谷物水分测定仪快速测定法来测定香榧子的含水率，当含水率为10%～12%时即可，可加工或贮藏。

图9-4-4　晒好的香榧子

2.直接加工的要求

如晒后直接加工的，晒好的香榧最好放在袋子里存放2～3天，使香榧的干湿度和匀一点后再去炒制加工。这是因为晒好的香榧在晒时的厚薄、光照的强弱、榧子大小、晒前榧子的含水量的多少都不相同，这样晒好的香榧子粒含水率也是不同的，所以要把香榧翻拌均匀后盛放在袋子里几天，使其在干湿度方面进行互补后大致相同。

3.长期贮藏的要求

要长期贮藏的香榧含水量以10%左右为宜。香榧炒制时的含水率最好不要低于8%，含水率太低炒出来的香榧会太硬，对种仁脱衣也有影响。而贮藏的香榧含水率不宜高于12%，否则时间长易腐烂。

三、贮藏

晒干后的香榧可贮藏在干燥、阴凉、通风、清洁的仓库内，避免阳光直射。晒干至含水量在10%左右的香榧可装在薄膜食品袋等密闭的容器中，堆放在离地10 cm以上的垫板上，离墙20 cm以上，中间有通道，方便检查。一般在贮存期间需隔5～7天检查一次含水率变化。

长时间贮藏宜放在冷库中。

第十章

香榧加工

第一节 椒盐香榧

香榧加工是保证香榧质量最关键的环节，加工质量好的香榧，一打开包装袋，就榧香扑鼻。好香榧的标准为：香榧外壳无明显的焦斑，光洁，手一捏壳就破，脱衣容易，榧仁色泽新鲜，呈米黄色或金黄色，松脆，咸味适中，后味浓而清口，令人回味无穷。

香榧传统的加工产品为椒盐香榧（图10-1-1），炒制方法叫"双炒香榧"，来源于晚清时诸暨"枫桥香榧"的精心加工工艺，有纯手工炒制（传统工艺）和半机械化的机器炒制。

图 10-1-1　椒盐香榧

一、椒盐香榧加工的工艺流程

炒前准备→原料分级→炒锅加热→食盐加热→加入香榧炒制（第一次炒）→浸盐水→凉干→锅、盐炒热后加入浸过盐水的香榧炒制（第二次炒）→出锅→摊凉→挑拣→包装。

（一）工具准备

香榧的炒制工具有炒锅、燃料、食用盐、饮用水、盐水池、秤、箩筐、竹片（炒香榧过程中从锅中取香榧用）、浸盐水时压筐中香榧的盖板、摊凉器具，以及香榧进出炒锅的工具、炒制时的测温仪、鼓风机等辅助器具（图10-1-2）。

图 10-1-2　炒制比赛的部分工具材料

1. 炒锅

纯手工炒制的炒锅为农村传统的直径 70～80 cm 的生铁锅，一锅可炒香榧 10～15 kg；半机械化炒制的是电动上下旋转式炒锅，大的可炒 60 kg，小的炒 15～20 kg。最早的一台炒香榧的半机械化炒锅由 1996 年枫桥香榧主产区诸暨市赵家镇的一家五金加工福利厂制造。

2. 燃料

（1）硬木柴爿。纯手工炒制的燃料以干燥的硬木柴爿为最好，火力足、持续时间长，是最好的木柴燃料；机械炒锅的传统燃料也为木柴。

（2）电和燃气。近几年也有用电、用燃气的机械炒锅。

（3）生物燃料。生物燃料有固体、液体和气体燃料，近几年已有不少香榧企业开始应用固体生物颗粒燃料作为炒锅炒香榧的燃料（图10-1-3）。生物燃料具有"可循环性"和"环保性"，其优点为零排放，既环保无污染，又节约成本。炒一锅香榧的大致成本，生物燃料为14元，用电为16～17

图10-1-3 颗粒生物燃料

元，而用煤气更贵。因此，用生物燃料作为香榧炒制的燃料是今后发展的方向。

3. 食用盐

炒香榧的食用盐，可用粗盐，也可用细盐。根据多家企业使用经验，用晶体盐炒香榧的效果较好。

4. 盐水池

浸盐水是椒盐香榧炒制中的一道很重要的工序。建池的材料要干净、卫生，不会生锈，盐水池一般用贴瓷砖的水泥池，也可用不锈钢池，也可用大木桶。

（二）原料准备

炒制前要对香榧原料进行质量上的挑拣和大小分级。并将分好级的香榧用谷物水分测定仪快速测定法测一下含水率，8%的含水率过干，15%的含水率又太潮，用含水率为10%～12%的香榧子拿来炒制比较好。然后将含水率基本一致的香榧在袋中存放2～3天，使袋中香榧的含水率和匀后再炒制加工，其疏松度会基本一致。

香榧的原料质量好，是加工好香榧的关键。在香榧炒制中，常出现榧子变为质量不好的红子。根据多家香榧企业的经验，出现红子的原因主要有：香榧在采收或后熟过程中有点发热变质，即热熟；没晒干的榧子（含水率过高，榧子呼吸作用强时）密封了；晒得太干或种仁中的干湿度不均匀。

图 10-1-4　香榧机械分级
（高关兴供图）

1. 香榧分级

在加工前最好按照香榧产地、老树和小树、后熟时间、颗粒大小等分开，分别进行炒制，更容易炒出好香榧。颗粒大小分为大中小三级，可使用机械分级（图 10-1-4）。

大子：400 ～ 500 粒 /kg；

中子：500 ～ 600 粒 /kg；

小子：600 ～ 700 粒 /kg。

2. 质量要求

炒制的香榧原料要求品种纯正、单批颗粒匀称齐整，含水率一致，不添加任何添加剂。

（三）加工场所

（1）纯手工炒制的场所需要干净整洁，在炒制过程中注意环境卫生。

（2）机炒加工香榧的企业应有食品生产加工许可证（SC 证书）；炒制设备、设施符合食品加工所要求的卫生条件，并配备较为良好的除尘设备，保持炒制加工场所干净整洁。

（四）炒制人员

香榧炒制加工人员应取得健康合格证，保持个人卫生，工作过程中应戴口罩，保持场所卫生。

二、香榧炒制

香榧 1 000 多年来都是人工纯手工炒制，半机械化炒制出现只有 20 多年时间，现在还没有全自动化炒制香榧的机械。

（一）纯手工炒制

纯手工炒制是凭经验炒制，凭技术掌控火候和时间，将香榧炒到恰到好处，即炒好的香榧既不太老（不焦）又不太嫩（不松脆），又香又脆，脱衣也好。

手工炒制香榧虽然费时费力，但特别香，有很多人喜欢吃手工炒制的香榧。如诸暨市赵家镇榧王村的骆仲生夫妇手工炒制香榧多年（图10-1-5），每年手工炒制香榧15 000 ~ 25 000kg，价格维持在150 ~ 200元/kg。

图 10-1-5　手工炒香榧

1. 第一次炒

用旺火将新食盐炒干水分，炒到烫手（盐的色泽变黄，成椒盐色，此时盐的温度很高，手拿不住滚烫的盐），放入香榧旺火炒5 ~ 8分钟，中火再炒10 ~ 12分钟，当香榧外壳开裂、种仁炒熟（种仁色淡黄、软）即出锅，筛去食盐装入竹丝箩筐或纱布袋后立即浸入盐水中。

2. 浸盐水

浸盐水（图10-1-6）的时间与盐水的浓度成反比，盐水浓度越高，浸的时间越短，盐水浓度越低，浸的时间越长。要点是出锅的香榧要很快地浸泡在冷的盐水中（水温要低，一热一冷易使香榧脱衣）。传统的盐水浓度为5%，香榧在盐水中浸泡8 ~ 10分钟。现在快节奏生活，浸盐水的时间很短，盐水浓度一般为20%左

图 10-1-6　浸盐水

图 10-1-7 第二次炒制（徐昱供图）

图 10-1-8 香榧出锅摊凉

右，浸盐水的时间常为 3～5 秒。即浸下去又马上拿出来，沥干食盐水（香榧外表水干）后进行第二次炒制。

3. 第二次炒制

用旺火将盐炒到烫手，放入香榧用旺火炒 8～10 分钟，再用文火（小火）炒 8 分钟左右，至香榧的固有香气出现，种仁呈米黄色（即整个种仁从软到开始硬起来了）即可出锅。这里要掌握的是，炒的最后 2～3 分钟时间的温度和香榧的硬度（即松脆度），使炒制的香榧既香又脆（图 10-1-7）。

4. 出锅摊凉

香榧起锅后，应立即将香榧摊薄冷却（图 10-1-8），因香榧出锅时温度偏高，如不立即摊开摊凉易焦。香榧摊冷至不烫手时收起贮放于密封的容器内。

（二）机炒香榧

机炒香榧即用电动的旋转式炒锅炒制香榧，还是需要人去掌握炒制过程中的炒制温度和时间的，所以这是半机械化的炒制香榧。这里为大家呈现的是 2 位在全国香榧炒制大赛中取得金奖选手的炒制经验。因各地的气温、炒制的设备、燃料、香榧原料（产地、种壳厚薄、大小、含水率）和炒制方法都不尽相同，所以只供读者参考。

1. 松阳县叶学根师傅的炒制经验（炒制过程使用测温仪）

（1）第一次炒制。预先将炒锅加热到锅壁温度到 280 ～ 300℃时，往炒锅机械内加入食用盐（精制盐，或用晶体盐），盐与榧子的比例为 1:3 左右。当盐的温度达到 180 ～ 230℃时，加入香榧子炒（图 10-1-9）。一般当榧子的温度升到 150 ～ 160℃时，看香榧的脱衣状况（如生榧子含水率高的脱衣快，含水率低的脱衣慢），当 80% 左右的香榧脱衣（种仁软、色黄）时出锅。一般第一次炒制在 10 分钟左右。

图 10-1-9　测锅内盐的温度

（2）浸盐水。将出锅的榧子立即浸入 10% ～ 12% 浓度的食盐水中（盐水浸没榧子），浸制时间为半分钟。

（3）第二次炒制。先将炒锅锅壁的温度加热到 270 ～ 280℃（此时为空锅，锅内无盐），加入浸过盐水的榧子（约第一次炒制后 1 小时）干炒。炒 15 ～ 20 分钟，香榧种壳表面的水分干了，此时榧子的温度为 110 ～ 120℃，加盐进去接着炒，并把炒温升上去，将榧子的温度稳定在 160 ～ 165℃，炒至结束。即将榧子炒到种仁两头呈米黄色时出锅。第二次炒制时间 30 ～ 35 分钟，总炒制时间为 40 ～ 45 分钟（图 10-1-10）。

（4）出锅摊凉。起锅后，应立即将香榧摊薄摊凉。待香榧冷却后，贮于密封的容器内。

图 10-1-10　炒好及时出锅摊凉

2. 嵊州的周银凤师傅的炒制经验（炒制过程不使用测温仪，凭多年的炒制经验炒制）

用的是一次能炒 50 kg 香榧的烧柴火的大炒锅，50 kg 含水率为 10% 的生香榧（中子），25 kg 的食盐，13% ～ 15% 浓度的食盐水，一炒加二炒的总时长为 30 ～ 32 分钟。

（1）第一次炒制。先将炒锅加热至锅内热气烫脸时，往炒锅内加入食用盐（细盐）25 kg 左右，炒至盐的温度到烫手时，加入香榧子，然后一直用猛火炒 5 ～ 6 分钟，取出锅中的香榧，看榧子的外壳温度、种仁的硬度和种衣的疏松度。只要外壳发烫、种仁略硬、种衣疏松可捏成沫即可出锅。一炒时间在 8 ～ 10 分钟。

（2）浸盐水。将出锅的榧子快速浸没在盐水（浸入前盐水需搅拌均匀）中，浸制时间为 3 ～ 5 秒，然后快速出水沥干榧子表面水分。

（3）第二次炒制。先将炒锅里的盐加热到烫手时，加入浸过盐水沥干水分的榧子用猛火炒。其观察榧子的温度、榧子外壳盐迹的干净度、种仁的软硬度和种衣手捏的酥松度。只要榧子外壳盐粒（迹）几乎干净，种仁温度略微烫手、种仁微硬，种衣手捏略酥，便可变猛火为中火炒（此为关键时间，为 8 ～ 10 分钟）。中火炒至外壳色泽光亮，种仁硬，呈米黄色，种衣疏松至 90% 左右脱衣或全脱时，即可出锅（图 10-1-11），中火炒的时间为 8 ～ 10 分钟。二炒总用时为 18 ～ 20 分钟。

图 10-1-11　香榧出锅前检查成熟度

（4）出锅摊凉。起锅后，应立即将香榧摊薄摊凉（图 10-1-12）。待香榧还有点温热（不烫手）时，收起装袋，扎紧袋口，放

1 ～ 2 天后挑干净烂子、油子、破壳等不好子，然后包装。

图 10-1-12　香榧出锅后摊凉

3. 机炒香榧经验

将多位香榧炒制师傅的炒制经验介绍如下，供读者在炒制中参考。

（1）含水率在 15% 左右的生子，第一次炒制时开头的火头要猛，香榧的脱衣会好，种仁也会较疏松。

（2）生子炒时的含水率不要低于 8%，太干的香榧脱衣不好，种仁也较硬，不疏松，也易炒焦。

（3）一炒时在锅中的榧子温度保持在 165 ～ 170℃，榧子容易从中间弹开，即空心，会比较疏松。

（4）如能铰好地控制炒锅香榧的温度，在二炒最后几分钟可高温（180 ～ 184℃）炒，其种仁的颜色好、鲜味足、回味好。但如果温度控制不好，香榧易焦。

（5）炒好的香榧在摊凉还有余热时盛在密封的食品袋子里 3 ～ 5 天后再分装，能使香榧种仁的颜色、疏松均匀度和口感更好。

三、产品质量标准

加工出来的椒盐香榧，壳面清洁、无明显的焦斑，棕黄色，一捏就破，易去种衣，种仁饱满，色泽新鲜、呈米黄色或金黄色，清香酥脆，口（咸）味适中，入口稍加咀嚼即可碎化，后味浓而清香（图10-1-13、图10-1-14）。

图 10-1-13　香榧包装前
挑拣分级

图 10-1-14　色、香、味都好
的香榧

四、椒盐香榧的包装

作为产品销售的香榧包装，要严格按食品安全国家标准预包装食品标签通则和定量包装商品净含量计量检验规则执行（图10-1-15）。

图 10-1-15　香榧包装

（一）包装材料

包装材料必须是食品级的，密闭性好，价格适中。香榧包装常用材料有塑料、纸、不锈钢等材料，也可用竹、木、搪瓷、陶瓷等材料制作的包装。

（二）包装要求

香榧的包装可袋装、罐装，可简装、可精装，也可真空包装。但对包装层数有要求，即内外包装的层数不超过3层，就是不能过度包装。包装要方便开食，并且安全不伤手。

（三）包装标签

香榧包装上的标签必须注明：产品名称、商标名称、产品净重（不含干燥剂）、配料表、营养成分表、生产日期、保质期（贮存条件）、生产许可证、生产标准、生产厂家、生产地址、食用方法等。

包装上可印上香榧产品介绍，但不能印药用、保健等功能性宣传语，也不能印带"国家级""最""最高级""最佳""免检"等顶级词语。

第二节　开口香榧

开口香榧是指在外壳上开了一条缝的香榧，方便消费者剥壳食用。

开口香榧的出现始于2020年，原是将炒制好的香榧通过浸水的方法开口，2023年出现了用激光开口香榧的机械。香榧用激光开口，无论是效率还是风味质量都大大提高了。

一、水浸法制作开口香榧的工艺流程

用水浸法制作开口香榧这里介绍3种方法的工艺流程。

（1）将香榧用椒盐香榧炒制方法炒好→浸没在1.5%糖水

（50℃）中搅拌10秒左右→取出香榧→用80～90℃烘制3～4小时→食用酥松时→取出→冷却后包装。

（2）将香榧炒好→冷却→浸泡在冷水里（50 kg 水里加0.5 kg 白糖，加 0.2 kg 食盐）→（放置5～6分钟）→香榧外壳开裂（水温不同开口的程度也不同）→烘干（80～100℃烘2小时左右）。如烘的温度达130℃时，烘1小时即可。

（3）按椒盐香榧的炒制方法→一炒→浸盐水→二炒→冷却→将香榧放在烘干盘上→喷洒冷水（放置5～6分钟）→烘干→香榧酥松即可（图10-2-1）。

用水浸法、喷洒冷水制作的香榧因炒好后浸水、喷水，再烘干等原因，香榧原有的香气和风味会失去不少（图10-2-2）。

图 10-2-1　喷洒冷水（嵊州榧农）

图 10-2-2　用水浸法制作的香榧

二、激光开口机制作开口香榧的工艺流程

将分级好的生香榧放入开口机（图10-2-3）→开口→一炒（用晶体食盐）→浸盐水→二炒→冷却（图10-2-4）→包装。

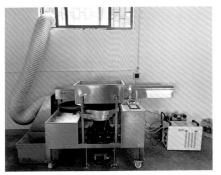

图 10-2-3　激光开口机给香榧开口

图 10-2-4　用激光开口机制作的香榧

注意事项：开口香榧的口子不宜开得太大，会影响疏松度和脱衣；香榧的含水率不能太低，以 13% ～ 15% 为好；香榧开口后的炒制温度，一炒、二炒出锅前的退火温度为 150 ～ 160℃。

第三节　香榧仁

将炒制好的有壳香榧去壳制作成香榧仁（图 10-3-1），食用简单卫生，深受年轻人的喜爱。香榧仁的制作始于 1985 年，当时出口日本。传统的香榧仁制作为纯手工，费工费时，成本高。近几年开始研制机器剥壳、去衣，大大降低了香榧仁的制作成本。

图 10-3-1　香榧仁

一、香榧仁制作工艺流程

炒前准备（炒制机器、炒制器具、香榧原料等）→一炒→浸盐水→二炒→冷却→剥壳→去衣→挑拣→包装。

二、香榧仁的包装

香榧仁的包装一般用 2 ～ 3 粒的小包装，宜用密封真空包装。贮藏于阴凉干燥处。

三、香榧仁的质量要求

香榧仁要求颗粒大小均匀，完整，色泽鲜黄，松脆，咸味适中，后味浓而清香。

第四节　香榧深加工

香榧历史上都是加工成"椒盐香榧"的，很少进行深加工。20 世纪 70 年代上海天明糖果食品厂加工生产的"香榧奶糖"为最早的香榧深加工产品（图 10-4-1）；80 年代杭州华欧食品厂也生产过香榧太妃奶糖（图 10-4-2）。后因产量少、时代发展等多种原因，特别是在香榧作为礼品经济的年代，香榧是小宗干果，但因产量少，椒盐香榧产品仅够满足杭、沪、苏、甬等地市场，对香榧新市场的开拓和香榧深加工的研发未引起重视，所以香榧产品的深加工迟迟没有推进。

图 10-4-1　香榧奶糖
（俞广平供图）

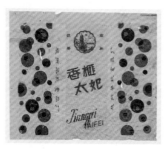

图 10-4-2　香榧太妃奶糖
（俞广平供图）

但到 2015 年后，礼品经济的时代过去了，而 2000 年以来发展的香榧基地大面积投产，产量翻番。此后，香榧产量年年增，价格却年年跌，特别是到 2020 年时，香榧的年产量从 5 000 ～ 6 000 吨一下子超过了 10 000 吨，原来浙、沪、江的椒盐香榧市场不够大了，香榧滞销，价格一年比一年低，当然真正的好香榧产品价格还是坚挺的，而一般的香榧产品价格近年更是低于百姓种植香榧的成本价了。但同时，香榧深加工的时机也到了，香榧企业和食品加工厂纷纷开始研究和开发多种香榧的深加工产品，特别是开发各种年轻人喜欢的产品（包括包装），重点是休闲食品类产品，今后香榧肯定是年轻人的市场。而根据香榧特有或少有的几种药用保健成分，研发一些保健品类香榧产品，更适合中老年人群食用。目前已试生产的香榧产品有以下几大类。

一、休闲食品类

香榧饼干、香榧饼、香榧芝麻饼、香榧糕、香榧酥、香榧米糖、香榧月饼、香榧巧克力、香榧巧克力豆、香榧脆脆、香榧海盐糖、香榧糖、脆皮香榧仁等（图 10-4-3、图 10-4-4）。

图 10-4-3　香榧巧克力豆

图 10-4-4　香榧海盐糖

二、饮品类

香榧酒、香榧咖啡、香榧奶茶等。

香榧酒的基本制作工艺流程：香榧榨油饼粕→粉碎→香榧粉→红曲米粉碎→加水→将香榧粉、红曲米、根霉、玉米淀粉混合→培养→香榧粉加水浸泡→谷壳混合→培养→气蒸→冷却→酿酒酵母→发酵→蒸馏出酒。

三、菜肴面食类

香榧粽子、香榧面条、香榧鸡、香榧土鸡煲、香榧焖鸡脯、香榧豆腐、香榧东坡豆腐等（图10-4-5）。

图 10-4-5　香榧面条

这里精选2种香榧菜的烧制方法：

（一）香榧东坡豆腐（孔门小厨）

食材：老豆腐（卤水豆腐）500 g，香榧40 g，黄豆酱1勺，小葱一把，油若干，高汤若干。

制作流程：将香榧去壳、去衣后的香榧仁用菜刀压碎，切成小颗粒状→把豆腐切成片状（长、宽5～6 cm，厚6～8 mm）→将油倒入锅中加热→放入小葱煎→小葱煎软后捞出→用煎过葱的葱油煎豆腐→将豆腐煎成两面金黄色后捞出→在锅里放入适量的油，加入切碎的香榧仁沫煸炒一下→再加入黄豆酱炒→将酱炒香后，加入适量的水（也可加高汤或鸡肉汤等），把煎好的豆腐放进锅内，加入适量的盐、鸡粉、胡椒粉，煮10分钟左右→出锅，盛放在盘子

图 10-4-6　香榧东坡豆腐

上→撒上香榧沫、小葱，菜成（图 10-4-6）。

（二）香榧焖鸡脯（鲁菜）

1. 制作材料

主料：鸡胸脯肉 500 g，炒好的香榧子 15 g，净冬笋（或雷竹笋等小竹笋）肉 100 g，加工好的水香菇 50 g，植物油 500 g（实耗约 80 g），酱油、白糖、熟大油、湿淀粉各 50 g，盐 4 g，料酒 10 g，葱段、姜块各 15 g，味精 5 g，糖色少许，鸡汤 1 kg。

2. 制作步骤

香榧子剥去硬壳、去衣，取仁→冬笋切成块拍松→将鸡胸脯肉剁成三角块，放入烧至七成热的植物油炒勺（炒锅）中，炸至金黄色捞出沥油备用→再把冬笋略炸一下，捞出沥油→炒勺上旺火，放入 50 g 熟大油烧热，投入葱、姜煸出香味→把酱油和料酒烹入，再加入鸡汤、白糖和味精，用糖色把汤调成浅红色→再把炸好的鸡块、香榧仁和冬笋块放入→用微火把鸡块焖熟烂→用适量淀粉勾芡即可。

四、粮油调味类

香榧油、香榧酱等。

香榧油低温压榨的基本工艺流程：香榧生籽挑拣→测含水率（8% ～ 10%）→香榧剥壳→种仁切碎→低温压榨→油渣分离→

精炼（脱胶→脱酸→脱色→脱臭→脱蜡）→成品油。

五、保健品类

香榧精油、香榧精油胶囊、金松酸胶囊、香榧阿胶等（图10-4-7、图10-4-8）。

图 10-4-7　香榧阿胶

图 10-4-8　香榧精油胶囊

但这些新开发的产品，除香榧油、香榧酒、香榧糖、香榧巧克力豆、香榧饼干、香榧面条已开始量产和少量产品在试产外，大都是手工制作，或小作坊生产的产品，没有量产，所以称不上是真正的商品。

香榧的最后出路在深加工，在于市场的不断拓展，还需要有经济实力的企业与科研机构去共同开发研究。

第五节　香榧假种皮的开发利用

每当香榧收获季节，大量的香榧青果皮（假种皮）一直被当作垃圾乱丢，大多堆放在房前屋后和溪流边，气味难闻，污染环境。如何开发利用香榧青果皮，防止其污染环境，一直是企业和地方政府关注且亟待解决的问题。

一、香榧假种皮的利用价值

据科研部门研究，香榧假种皮里含有萜类化合物、酯脂酸类等物质达 70 余种，这些萜类化合物具有较好的祛痰、止咳、祛风、驱虫、镇痛等药用和提香价值。假种皮里含有的这些芳香物质，可提炼假种皮浸膏、精油等产品。香榧假种皮精油是一种天然香料，在食品（抗氧化剂）、化妆品、保健品、医疗用品等行业中有广泛的用途。香榧假种皮里还含有较为丰富的氮、磷、钾，是优质的有机肥源。

二、香榧假种皮的利用历史

（一）香榧蒸馏油

香榧假种皮的利用，始于 1958 年的诸暨县东溪公社（现属诸暨市赵家镇），当时的东溪香料厂在三坑口利用香榧假种皮烧煮蒸馏提取蒸馏油（芳香油），后诸暨斯宅（现属东白湖镇）的八石坂香料厂也开始生产蒸馏油，后因滞销而停产。

（二）芳香油、明膏、浸膏

1979 年起，东溪香料厂和八石坂香料厂又恢复生产香榧假种皮芳香油（蒸馏油），并逐步打开了销路，增加了香料品种，截至 1987 年，共生产芳香油 13.9 t、浸膏油 3.5 t、明膏油 0.3 t，产值 141.6 万元。诸暨东溪香料厂同时还能生产金橘型、香榧型和核桃型香精等香料系列产品。其中浸膏产品"具有独特的香榧果香气""香气清鲜透发，适用于调配清香、花香、果型香精，使用于加香产品效果较佳"。因芳香油、明膏、浸膏等产品质量好，打开了国内外市场，产品主要销往法国、意大利等国际市场，国内销往上海、天津、广州、北京、杭州等地，截至 20 世纪 90 年代中期停止生产。

（三）假种皮精油

2010 年，赵家镇的又一家香榧企业采用水蒸气蒸馏高效获

图 10-5-1　香榧假种皮精油
提炼后的产品——纯露

取精油的生产工艺提炼出假种皮精油，还进行了系列产品的开发研究，并生产了 3 年（图 10-5-1）。

（四）洗涤、护肤等系列产品

2016 年 12 月，浙江冠军香榧股份有限公司与韩国化妆品原料巨头 SK 百朗德合作成立浙江冠立德健康产业有限公司，注册了圣榧欧商标，全面开展香榧系列化妆品、保健食品及药品领域的研发、生产与销售。重点是开发利用香榧假种皮，生产香榧护肤产品，现已研发了 10 多类新产品，获得 20 余项专利。现各地已有多家企业在进行香榧假种皮的综合利用，将假种皮变废为宝，既保护了生态环境，又增加了种植户的收入。

虽然香榧假种皮已开始利用，但利用的还是少部分，每年近 6 万～ 7 万 t 产量大部分还没有利用起来，还需多家企业来共同开发利用。

三、香榧假种皮开发的产品

现在已开发生产的主要是先提炼假种皮精油（图 10-5-2），

图 10-5-2　假种皮精油

再用精油生产出各种产品。

（一）护肤品

主要有香榧精油、香榧复方精油、香榧祛痘修护精华液、香榧精萃生物纤维面膜、香榧臻颜补水面膜等（图 10-5-3、图 10-5-4）。

图 10-5-3　精油产品

图 10-5-4　香榧精萃生物纤维面膜

（二）洗涤用品

香榧沐浴露、香榧洗发水、香榧精华润泽修护洗发水、香榧植萃精华护发素、香榧牙膏、香榧精油皂、香榧修护精油皂、香榧透明精油皂、香榧手工精油皂等（图 10-5-5）。

图 10-5-5　香榧手工精油皂

（三）孕妇、婴儿用产品

孕妇香榧精油皂、香榧温和滋养氨基酸柔肤皂等（图 10-5-6）。

图 10-5-6　孕妇、婴儿皂

（四）驱蚊产品

香榧精油防蚊馨香贴、香榧驱蚊片等（图 10-5-7）。

图 10-5-7　香榧精油防蚊贴

附录1

香榧栽培年事历

1—2 月 （雌花芽分 化盛期）	（1）深翻林地，清理枯枝落叶。 （2）砌坎保土，地表裸根培土或用草覆盖。 （3）冬季修剪。整形修剪，生长过旺树截干、拉枝，剪去枯枝、病虫枝和过密枝。 （4）冬播育苗，小苗嫁接。
3 月 （萌芽抽 梢期）	（1）圃地春播育苗。苗木嫁接至 11 月；进行高接换种或高接雄花枝。 （2）看树施肥。施好抽梢肥和开花肥，小树每株施 50 ～ 100 g 复合肥，大树每株施 500 ～ 1 000 g 复合肥。 （3）春季造林，在高温来临前及时遮阳。 （4）绿藻用晶体石硫合剂 800 倍液，或青苔快克 300 倍液防治。
4 月 （开花授 粉、抽 梢期）	（1）采集雄花粉，人工辅助授粉。 （2）落果严重的应喷施 1.8% 爱多收水剂 3 000 倍液进行保花、保果。 （3）病虫害防治。香榧小卷蛾用 10% 吡虫啉可湿性粉剂 2 500 倍液喷杀。 （4）林间间种。幼林种植豆类、瓜果蔬菜等农作物（不种薯类块茎植物）。

（续表）

5—6 月 （新梢生长，花后落花落果和果实快速膨大期）	（1）保果。第二次喷施 1.8% 爱多收水剂 3 000 倍液。 （2）病虫害防治。① 瘿螨用 21% 阿维·螺螨酯 2 000～3 000 倍液对叶子正反面喷雾。② 香榧小卷蛾用 10% 吡虫啉可湿性粉剂 2 500 倍液喷杀。③ 细菌性褐腐病用菌毒清 300 倍液喷防，并注意林地排水。④ 茎腐病采取根际覆草，用 25% 甲霜灵可湿性粉剂 800 倍液浇灌等措施。 （3）追肥。成年树缺肥的每株施 500～1 000 g 复合肥。 （4）夏季高温来临前，苗圃地、新造幼林遮阳、保湿、灌溉保苗。
7—8 月 （榧实内部充实时期）	（1）高温来临，加强抗旱，做好保苗、保果等灌溉覆盖作业。 （2）病虫害防治。① 瘿螨防治用 5% 阿维菌素 1 500～2 000 倍液正反面喷治。② 香榧小潜蛾用 10% 吡虫啉可湿性粉剂 2 500 倍液喷杀。③ 绿藻用青苔快克 500 倍液防治。 （3）8 月中旬清除林下杂草，便于采收。
9 月 （香榧成熟、采收期）	（1）9 月上中旬假种皮部分开裂时及时采收，并注意安全。 （2）香榧采后及时剥壳（假种皮），适温、保湿后熟。 （3）施采后肥（复合肥），补充营养。 （4）9—10 月为秋季嫁接最佳时期。
10—12 月 （根系旺盛生长，雌花芽开始分化）	（1）施基肥，成林每亩施土杂肥 2 500 kg，或栏肥 1 000 kg，或商品有机肥 100～150 kg。 （2）林地清园，结合施肥深翻改良土壤。 （3）冬季造林。 （4）绿藻用青苔快克 300 倍液防治。

附录 2

生物肥料

生物肥料是近几年开发的一种含有大量有益微生物的产品，这些微生物通过其生命活动过程对作物有特定的肥效。

一、生物肥料的作用

1.它们可以改善土壤的水肥条件、提供植物生长所需的营养元素，并可能诱导植物产生具有抗逆性的活性物质，从而帮助作物增产和改善品质。

2.生物肥料可以减少对农药和化肥的使用频率，满足农业生产在环境保护上的要求。

3.有些生物肥料除了增产、改善品质外，还能使作物提早成熟。

4.有的生物肥料还能固化土壤中的重金属，改良和修复土壤，对土壤进行消毒，去除土壤中的有害物质，如农药残留和其他化学物质等。

5.生物肥料在使用时相对简单方便，其作用效果通常比单一的化学肥料更为全面和稳定。

二、生物肥料的种类

根据不同的分类方式，生物肥料有多种类型，包括按微生物种类、作用机制、功能和构成组分进行的分类。

1.按微生物种类分

生物肥料可以细分为真菌生物肥、细菌生物肥、放线菌生物肥和藻类生物肥。

其中细菌类肥料又可分为根瘤菌肥、固氮菌肥、解磷菌肥、解钾菌肥、光合菌肥等；菌根真菌肥分为外生菌根菌剂和内生菌根菌剂；藻类生物肥有固氮蓝藻菌肥、含腐植酸海藻肥、含氨基酸海藻肥等。

2.按作用机制分

广义的生物肥料泛指利用生物技术制造的，对作物具有特定肥效（或既有肥效又有刺激作用）的生物制剂。

3.按功能分

生物肥料可以分为熔磷生物肥、解钾生物肥和有机质分解生物肥。

4.按构成组分分

生物肥料可以分为单一生物肥料、复合生物肥料和复混生物肥料。单一生物肥料只含有一种微生物群体，而复合生物肥料含有两种或两种以上的微生物群体。复混生物肥料则是将微生物与植物生长所需的元素混合而成的制品。

三、简单介绍两种生物肥料

（一）海藻生物肥

海藻肥是指用生长在海洋中的大型藻类为原料，通过化学的或物理的或生物的方法，提取海藻中的有效成分制成肥料。海藻富含维生素、多糖、藻面酸、甘露醇、甜菜碱、高度不饱和脂肪酸、抗生素、天然植物激素等营养成分。海藻肥可直接使土壤或通过植物使土壤增加有机质，激活土壤中的各种有益微生物，这些微生物可在植物、微生物代谢循环中起着催化剂的作用。海藻肥属天然海藻提取物，与陆生植物有良好的亲和性，对人、畜无害，对环境无污染。

1. 海藻肥的特性

（1）海藻肥属于生物有机肥料。它是用生长在海洋里面的大型藻类为原料，通过化学的或物理的或生物的方法，提取海藻里面的有效成分，将其制成肥料，植物使用后可以加速生长，提高产量，改善果实品质。

（2）海藻肥可以直接使土壤或通过植物使土壤增加有机质，从而激活土壤里面的各种有益微生物。这些微生物可以在植物、微生物代谢循环里面起到催化剂的作用，使土壤的生物效力增加，植物和土壤微生物的代谢物可以为植物提供更多养分。

（3）传统的化学肥料肥效比较单一、污染严重，长期使用会使土壤的结构被破坏。海藻肥是天然的海藻提取物，为环保型生物有机肥，具有其他任何化学肥料都无法比拟的优点，在国外被列入有机食品专用肥料。

2. 海藻肥的种类

（1）按功能分。可分为广谱型、高氮型、高钾型、防冻型、抗病型、生长调节型、中微量元素型等，适用于所有作物。

（2）按附加的有效成分分。可分为含腐植酸海藻肥、含氨基酸海藻肥、含甲壳素海藻肥、含稀土元素海藻肥等。

（3）按物理状态分。分为液体型海藻肥料，如液体叶面肥、冲施肥；固体型海藻肥料，如粉状叶面肥料、粉状冲施肥、颗粒型海藻肥料。

3. 海藻肥的优势

（1）海藻肥中的有效成分容易被吸收，施用后 2 ～ 3 小时可以进入植物体内，可以迅速吸收和传导。海藻肥具有促进土壤团粒结构形成、疏松土壤、增加土壤生物活性、加快效果养分释放速度等功能，施用后不仅不会留在作物上，也不会造成土壤污染，却可减少化肥的使用量，减少对生态环境的负面影响。

（2）海藻肥的主要原料是天然海藻，现在可以提取的海藻有绿藻、红藻和褐藻，市面上销售的海藻肥料原料一般是褐藻中的泡沫藻、昆布、海带和马尾藻等。海藻肥的分类在市场上不统一，很多海藻肥以液体和粉末为主，很少有颗粒状态肥。

4.海藻肥使用方法

（1）海藻肥的使用方法有两种，分别是叶面喷施和根部浇灌，一般叶面喷施会优于根部浇灌。首先，叶面喷施海藻肥的浓度一定要适宜，在一定浓度范围内，养分进入叶片的速度和数量会随溶液浓度的增加而增加，但浓度过高就会很容易产生肥害，尤其是微量元素型肥料。一般大中量元素（氮、磷、钾、钙、镁、硫）的海藻肥使用浓度在 500～600 倍，微量元素铁、锰、锌海藻肥的使用浓度在 500～1 000 倍。

（2）滴灌海藻肥料用滴管施肥，颗粒、粉状、复混海藻肥作基肥施用。

（3）叶面喷施海藻肥的时间也要适宜，叶面施肥时，一般湿润时间越长，叶片吸收的养分就会越多，效果就会越好。一般情况下保持叶片湿润时间在 30～60 分钟为宜，因此叶面施肥最好在傍晚无风的天气进行。

（4）喷施一定要均匀、细致、周到，叶面施肥要求雾滴细小，喷施均匀，尤其要注意喷洒生长旺盛的上部叶片和叶的背面。

（二）小分子肽混合有机肥

小分子肽有机肥也有很多种，这里介绍一种肥效较好的叫小分子肽混合有机营养液的生物有机肥。

1.肥料的特性

小分子肽混合有机营养液为生物有机肥，由有机类营养＋微生物菌＋中微量元素肥组成，属综合型营养水溶肥料。它具有丰富且全面的有机类营养，除了供应植物生长必要的蛋白类营养外，小分子肽形式的营养更便于植物吸收，可直接转化，减少蛋白合成及元素营养通过光合作用合成时消耗的能量，促进糖分的累积，改善作物口感，缩短生长周期。源自自然的中微量元素补充，可使植物基因表达完整（指植物细胞在小分子肽和多肽的作用下，在其生长代谢过程中，把该植物中好的生长结果的有关基因全部表现了出来，生成具有生物活性的蛋白质分子，为果实的生长发育提供了充足的物质基础，从而促进了果实的发育和成熟），促使植物健康生长，营养积累充足，品质提升。

2. 对作物、土壤的作用机理

（1）作用。修复土壤，促发新根，提升化肥肥效，补充有机营养、中微量元素营养，提高抗逆性，增产提质。

（2）土壤。肥料所含的活性微生物在土壤中20分钟即可繁衍一代，能快速建立有益微生物菌群。微生物通过不断的倍增、呼吸、蠕动、排泄等运动逐步分解固化的土壤，使板结土壤膨化，恢复团粒结构，土壤有机质含量增加、松软、透水、透气。空气渗入土壤亦能使大部分厌氧菌（有害菌）丧失生存环境，有效预防土壤中土传病害的发生，为根系生长提供良好环境。

同时具有土壤修复的功能。肥料中的小分子肽具有优秀的螯合、耦合、络合能力，可有效螯合化学肥料中的离子元素，减少化肥养分的流失、蒸腾，减少土壤中重金属的残留。

（3）根系。肥料中所含的氨基酸、腐植酸等营养具有优秀的根系刺激能力，可快速促发新根，并且在10～15天就可使毛细根、侧根数量增长一倍，极大地保障了营养吸收通道的畅通，从而有效预防根腐病害对植物营养吸收造成的不利影响。

（4）营养。营养液原料来自陆上动物有机蛋白类营养、腐殖类营养、海洋生物营养、高山矿物质元素营养，品类丰富且含量值高，通过特殊工艺使其小分子化，其吸收效能更高，可有效补充植物生长所需的各类有机类蛋白营养，以及亟须补充的天然中微量元素营养。同时小分子肽优秀的螯合能力能够有效提升作物对化肥的吸收率，减少元素营养流失，达到减肥增效的效果。

（5）抗性。所含的小分子肽、寡肽、氨基寡糖是植物所需的有机营养，同时也具有优秀的抗病害能力，植物吸收后可有效提升作物抗性，减少作物对农药的依赖，减少农药残留，提升作物品质。传统种植中只注重氮、磷、钾的补充，忽略了中微量元素还田，富含的天然中微量元素有效补充回土壤，也可以有效解决作物连作导致的重茬、减产问题，保障作物正常生长结果，预防缺素症状的发生。

（6）产量。小分子氨基酸等蛋白类营养可被植物直接吸收，降低了植株体内能量的消耗。同时小分子肽优秀的螯合能力能够有效提升化肥的吸收率，减少元素营养流失，达到减肥增效的效果，促进作物养分吸收，有效提升作物产量。

（7）提早成熟。小分子肽营养液分子量在 1 500 ～ 3 000 道尔顿，富含多肽、寡肽，使营养更容易被植物吸收、转化。呈自然分布的肽链可有效促进植物和缩短植物氨基酸到蛋白营养的合成过程，减少营养转化能耗，增加作物体内糖的积累，有效提升作物品质和风味，缩短植物生长的时间，实现增产、增质、减肥增效、提前成熟和经济效益的提升。

3. 香榧林施此肥料的作用和效果

诸暨某香榧企业在 2023 年使用了该肥料，效果很好。

（1）该香榧基地为 2010 年建造，当时种的是 2+5 的香榧苗，2015 年开始结果。近几年用的肥料以有机肥为主，适施化肥（复合肥）。2023 年除了施小分子肽混合有机营养液外（浇灌），没有施其他肥料（不施肥有可能把林地土壤肥力用光）。

（2）香榧基地浇灌施用该肥料一年的表现较好。香榧不落果，增产效果明显；提前成熟 7 ～ 10 天；香榧口感明显好于往年；基地没有出现缺素症状（如黄茎枝）；减少了施肥量，降低了施肥成本。

由此可看到，施用该肥料的明显优点是：香榧生长、结果好，落果现象得到明显改善，果实品质有明显提升。提前成熟 7 天以上，缩短了香榧果实的生长周期。起到了香榧增产提质，减肥增效，提升基地经济效益的效果。

（3）根据肥料生产厂家对该肥料的使用说明，该肥料不能全部替代香榧施肥，按香榧林一般的施肥要求，全年施肥以有机肥为主，化肥为辅，即有机肥的施肥量占70%，化肥（复合肥）的施肥量为30%，使用这种肥料，化肥按以往的常规施用，但有机肥的使用量可减少一半，而且使用成本不高。

4. 香榧林施肥方法

（1）根部浇灌。小分子肽混合有机营养液原液型每亩2 kg/次，30倍液浇灌，全年施4次，单次成本30元；叶面施肥用小分子肽原液型每亩50 g/次，500倍液喷施，全年施4次，单次成本5元，全年20元。

（2）根部施肥还可使用滴灌、喷灌或漫灌，如用水条件有限，可在翻地、整地时轻微稀释后喷洒地面或与底肥一同施入，施水施肥条件有限时可酌情选择叶面专用肥进行叶面喷施。

（3）施用注意事项。

① 该肥料不能与含钙、磷的肥料直接混合使用；叶面肥喷施时避免与碱性农药及铜制剂产品混合使用。

② 该产品在作物施足底肥的情况下在追肥阶段施用，即原有化肥的施用习惯不变，仅在种植过程中替换各项有机类、蛋白类、微生物菌类等营养肥料，具体用肥需根据种植户追肥习惯配合使用。

参考文献

曹若彬，方华生，许彩霞，等.1985.香榧细菌性褐腐病病原细菌的鉴定.浙江农业大学学报，11（4）：439-442.

陈力耕，王辉，童品璋.2005.香榧的主要品种及其开发价值.中国南方果树（5）：33-34.

陈琳，卢红伶，王少军，等.2019.香榧油精炼温度的优化及其对油脂品质的影响.中国粮油学报，34（2）：36-41.

戴文圣，黎章矩，喻卫武，等.2009.图说香榧实用栽培技术.杭州：浙江科学技术出版社.

戴正，陈力耕，童品璋，等.2008.香榧品种遗传变异与品种鉴定的 ISSR 分析.园艺学报，35（8）：1125-1130.

黎章矩，等.2007.中国香榧.北京：科学出版社.

刘海琳，陈力耕，童品璋.2007.香榧茎段离体培养再生植株的研究.果树学报（4）：477-482.

斯海平.2018.看图识香榧.杭州：浙江大学出版社.

松阳县林业科学研究所.2023.山地香榧园宜机化建设技术规程.

汤仲埙.1986.香榧有性生殖周期研究.植物分类学报，24（6）：447-453.

童品璋，马正三，曹若彬，等.1986.香榧细菌性褐腐病研究.浙江林学院学报，3（2）：67-71.

童品璋.2002.诸暨香榧区域性特种产业.北京：中国农业科学技术出版社.

童品璋.2003.诸暨香榧的现状问题与发展对策.经济林研究,21（4）:148-150.

童品璋.2003.香榧保果增产技术.林业实用技术（9）:11-12.

童品璋.2004.香榧保果增产技术试验.林业科技开发（18）:69-70.

童品璋.2004.香榧 佛手.浙江效益农业百科全书.北京:中国农业科学技术出版社.

童品璋.2005.香榧.绍兴市现代农业实用技术林特分册.杭州:浙江大学出版社.

童品璋,等.2009.香榧古树复壮试验.浙江林业科技（6）:50-52.

童品璋,等.2010.林业适用技术.北京:中国农业科学技术出版社.

童品璋,郭维华,魏焕贤,等.2012.《香榧栽培技术标准》（DB 33/T 340—2012）.

姚小华,童品璋,等.2011.《果用香榧栽培技术规程》（LY/T 1940—2011）.

姚小华,曹永庆,王亚萍,等.2022.《香榧》（LY/T 1773—2022）.

柴振林,吴翠蓉,朱杰丽,等.2017.《香榧质量等级评价》（XF/T–001—2017）.

王辉,陈力耕,童品璋.2005.香榧的适应性及其栽培技术.中国南方果树（6）:42-44.

浙江省林业技术推广总站.2022.林业技术推广实用手册.杭州:浙江科学技术出版社.

浙江农林大学等.2022.山地茶园套种香榧种植技术规范.DB33/T 2529—2022.

诸暨县林业局.1986.绍兴市林业区划.

诸暨市赵家镇人民政府.2009.赵家镇香榧不同成熟度采摘产质

量对比试验总结.

诸暨市人民政府.2011.枫桥香榧地理标志产品保护陈述报告.

诸暨市林业局.1992.诸暨市林业志.

赵晨伟.2023.香榧子油行业标准.无锡:江南大学.

诸暨县农业区划委员会办公室.1988.诸暨名优特产志.

后　记

　　我注定与香榧有着不解之缘。

　　我出生在诸暨市南边山脚下的一个小村庄，属于当地较为典型的七山一水二分田的半山区。那些年代大家都不甚富裕，但我们村相对较为好一点，满足温饱外，还略有结余。记得孩童时有一年过年前，与妈妈到邻近的齐村供销社采购年货，看到供销社的食品干货玻璃柜里放着一粒粒的香榧在卖，那时虽然不认识"香榧"两字，也从来没听说和见到过香榧，但看其新奇，便问，售货员说叫香榧，是枫桥特产，只在过年前有少量售卖。就硬叫妈妈买了一包用报纸折成三角包的香榧，3毛钱一包，重70～80 g，当时规定也只能买一包。这是我第一次见到并吃到香榧，那特别的果形和满嘴的清香让人久久不能忘怀。

　　第二次见到香榧是在1978年的临安天目山，我在浙江林学院读书时根据学科需要，到天目山上树木分类课时，见到了香榧树。后来才知道当时叫的香榧树，实际上是实生榧树，那时的教材里香榧和实生的榧树是不分的，统统叫香榧树。直到1979年的8月，与诸暨县林木良种站的工人一起搞林木良种调查，才在当时的诸暨县东溪乡钟家岭村见到了真正的香榧树和树上的香榧果。尤其是在1980年2月到诸暨县林业科学研究所工作后，天天与香榧打交道，观察和研究香榧，并注意到了读书时学到的香榧知识与实际的香榧很不一样。从此，我就在老一辈香榧工作者的带领下不断学习，不断掌握新的知识。

先后与香榧产业打了 40 多年交道，我已经成了一个名副其实的香榧人。我热爱香榧，我对香榧有很深的情结。我深感香榧看似简单，实际学问很大。气候在变暖，时代在进步，科学在发展。香榧的技术也在广大香榧科研工作者和从业者的不断努力下日新月异。新技术、新观念在不断改变着传统技术和观念，香榧技术在时代的发展中不断进步。

但笔者发现，由于各种因素的制约，香榧新技术的普及并不尽如人意，特别是老产区更显突出，已对香榧质量、市场销售产生很大的影响。因此，继续发挥自己的专业特长，宣传和普及香榧新技术，能使大家都吃到好香榧的念头在我脑海挥之不去。于是，在浙江省香榧产业协会成立二十周年之际，我想通过自己的努力，通过这本科普读物，把香榧产业的最新技术、最新发展观念传授给广大香榧种植者，也可以让不了解香榧的人能对香榧有个初步认识，为香榧产业和香榧协会的健康发展出一份力，这是我的初衷。

本书的出版，得到不少朋友的鼓励和业内同行的帮助，特别是得到浙江省香榧产业协会、浙江冠军香榧股份有限公司、浙江旭璟健康科技有限公司、绍兴市曙光科技开发有限公司和杭州水碓湾农业开发有限公司的大力支持，在这里一并致谢。

由于时间仓促，加上编者的水平有限，文中难免有不当之处，恳求广大读者批评指正，以便今后修订、完善。

童品璋

2023 年 12 月

浙江省香榧产业协会

浙江省香榧产业协会为我省服务香榧行业发展的民间组织，在省委、省政府和林业主管部门省林业厅等领导的重视和支持下，2003 年 10 月在我国香榧主产区诸暨市成立。

协会成立二十年来，不负众望，积极开展行业协调、调研交流、宣传推广、技术咨询等服务活动，充分发挥了协会在香榧产业发展中的作用，使香榧产业得到了空前的发展：全省香榧基地面积从成立时的不到 10 万亩，扩展到现在的 90 余万亩，产量从当时的 1 500t，增加到现在的 10 000 多 t。基地中会员的香榧基地占 60 余万亩，会员的香榧育苗和加工产量占整个行业的 90% 以上。同时，积极制、修订香榧地方标准和国家行业标准，并在香榧的标准化生产和高质量发展中发挥了积极的作用。香榧已成为山区农民脱贫致富的"摇钱树"，已惠及百万人，协会也因此获得了第四届中国林业产业突出贡献奖，多名会员获得中国林业产业突出贡献奖（个人奖）。

协会于 2003 年 10 月在诸暨成立

在杭州举办的中国香榧产业推进会

协会在郑州宣传推广香榧

协会获中国林业产业突出贡献奖

浙江冠军香榧股份有限公司

浙江冠军香榧股份有限公司是一家集香榧种植、加工、香榧主题旅游于一身的综合性企业，为浙江省香榧产业协会会长单位。前身为创立于 1993 年的"枫桥香榧加工厂"，1994 年注册了当时香榧行业唯一的一个品牌——"冠军香榧"。之后企业不断发展，于 2007 年改为冠军集团有限公司，2014 年改为浙江冠军香榧股份有限公司，是国内同行业中香榧产品年产销量最大的企业。公司

冠军公司总部

先后被授予"全国经济林产业化龙头企业""浙江省骨干农业龙头企业""浙江省模范集体""省农业科技企业""科创服务中心"等荣誉，获得诸暨市"政府特别奖"，当选 2020 年度浙江最美精品绿色农产品企业，2022 年获浙江省科学技术进步奖三等奖。

2017 年由浙江冠军香榧股份有限公司和韩国 SK 百朗德合作注册成立的合资企业"浙江冠立德健康产业有限公司"，与中国科学院、韩国 SK 生命科学院、上海中医大学等国内外知名院校、科研机构进行了合作，研发了以香榧精油护肤品专业品牌——圣榧欧的多个香榧衍生产品品类，这是中国珍稀资源香榧护肤领域的开创领军品牌，公司现自主拥有"冠立德""圣榧欧""榧"等商标以及 7 项发明、2 项实用新型等多项专利。

"冠军"香榧为绿色食品，多次获得"浙江农业博览会优质产品金奖""中国义乌国际森林产品博览会金奖"；是"2019—2020 年度浙江省十大香榧品牌"，2019 年度（首批）中国林草产业信用品牌奖，2021 年"浙江特色伴手礼"（精品礼盒香榧），是十大浙江市民最喜爱的品牌农产品。

自动包装香榧

公司的香榧化妆品产品

公司新产品香榧巧克力豆

浙江旭璟健康科技有限公司

浙江旭璟健康科技有限公司位于西施故里诸暨，成立于 2020 年初，是一家集香榧专用品种选育、基地建设、精深加工、销售以及科研开发于一体的专业化健康产业高科技公司，为浙江省香榧产业协会理事单位。

公司成立以来，与浙江省农业科学院、浙江中医大学药学院、浙江中药研究所等科研院所合作，不断引进业内顶尖人才，成立了以院士（专家）工作站为核心的创新创业技术研发团队。以开发香榧等功能性食品及全产业链生产为目标，先后进行香榧等农产品精深加工和生物新医药技术的开发，已开发出多款新产品，获得多项专利。公司先后被评为国家高新企业、浙江省林业龙头企业、浙江省中小型科技企业、浙江省创新型中小企业等；公司产品香榧油、香榧酒获得国际森林博览会金奖。

公司宗旨：科技领航，健康为先，服务市场，追求完美，为耕者谋利，为食者造福。

公司主产品香榧子油

公司生产的纯酿香榧酒

公司伴手礼产品

公司的试制产品香榧金松酸胶囊

杭州水碓湾农业开发有限公司

杭州水碓湾农业开发有限公司成立于 2012 年 7 月，位于建德市乾潭镇。为浙江省林业重点龙头企业，浙江省香榧产业协会理事单位，旗下拥有建德市千亩高质量香榧示范基地。公司秉承产业链、标准化、专业化、品牌化的经营理念，严格把控香榧各个生产环节，致力于打造纯天然绿色食品。公司产品荣获，包括首届全国香榧生籽质量大赛三等奖和第 15 届国际森林产品博览会金奖在内的多个奖项。

鼎定品质，架构盛景。公司以"建德香榧产业振兴引领者"为定位，立足以品质赢得信赖的发展理念，始终秉持务实、创新、开拓、进取的企业精神，强力助推公司砥砺前行。公司旗下的自有品牌"享小榧"致力于将香榧产品带入大众生活，并积极探索和钻研多种类香榧食品的精细化加工及对新兴消费人群的品牌打造，让更多的人能够品尝到好的香榧。

公司践行"企、学、研一体化"的发展思路，与浙江农林大学及其他科研机构、业内翘楚深度合作，项目多次入选国家农业开发和中央财政项目。公司将作为建德香榧产业振兴的引领者，中国香榧产业高质量发展的践行者，继续以绿色、高质量、创新发展为目标，朝着争创国内香榧行业一流企业的目标稳健迈进。

水碓湾公司全貌

公司千亩香榧基地

公司香榧产品之一

"产、学、研合作"签约仪式

曙光科技公司

　　绍兴市曙光科技开发有限公司位于绍兴国家级经济开发区（越城区），公司主要从事香榧、园林及堤坝、房屋等白蚁防治及有害生物防治产品的研发和服务。公司研发智能型白蚁监控装置、诱饵包、木材保护剂等多个科技产品，获得三项发明专利，一项实用新型专利，产品填补多项国内空白。

　　公司拥有丰富理论知识和实践经验的专业技术团队，其中教授级高级工程师2名，高级工程师3名，工程师6名。为全国白蚁防治二级单位等级资质，浙江省白蚁防治一级资质，高新技术企业，浙江省科技型中小企业，中国昆虫学会常务理事单位，浙江省香榧产业协会理事单位。

　　公司自成立以来，已承接诸暨、嵊州等香榧主产区的香榧基地、香榧古树的白蚁防治工程多个，防治面积达10万多亩，以及重庆、四川、湖南、江西、浙江等国内多个园林绿化、古建筑、水库堤坝等白蚁防治工程，防治面积30余万亩，广受用户好评。

检查古树白蚁为害状况

千年古香榧白蚁为害状

白蚁为害香榧幼树

用诱杀包诱杀白蚁